自控力

墨　墨◎编

黑龙江科学技术出版社
HEILONGJIANG SCIENCE AND TECHNOLOGY PRESS

图书在版编目（CIP）数据

自控力 / 墨墨编 . -- 哈尔滨 : 黑龙江科学技术出版社 , 2018.12

ISBN 978-7-5388-9891-0

Ⅰ . ①自… Ⅱ . ①墨… Ⅲ . ①自我控制 – 通俗读物 Ⅳ . ① B842.6-49

中国版本图书馆 CIP 数据核字 (2018) 第 257868 号

自控力
ZIKONGLI

作　者　墨　墨
项目总监　薛方闻
策划编辑　沈福威
责任编辑　宋秋颖　沈福威
封面设计　陈广领
出　版　黑龙江科学技术出版社
　　　　地址：哈尔滨市南岗区公安街 70-2 号　邮编：150007
　　　　电话：（0451）53642106　传真：（0451）53642143
　　　　网址：www.lkcbs.cn
发　行　全国新华书店
印　刷　三河市越阳印务有限公司
开　本　880 mm × 1230 mm　1/32
印　张　6
字　数　150 千字
版　次　2018 年 12 月第 1 版
印　次　2019 年 11 月第 6 次印刷
书　号　ISBN 978-7-5388-9891-0
定　价　36.80 元

导　言
这个世界正在惩罚没有自控力的人

曾经某段时间，我的时间仿佛不受自己的控制，总在因为这样或者那样的因素受到干扰。我也知道，时间是很宝贵的，但就是不能够理性地控制自己的时间，这让我很恼火。看到别人在玩，心里莫名地羡慕，可当自己也去玩了之后，并没有想象中的那么快乐。

我开始研究，我的时间为什么会失控？我要找到真正的原因。

这种失控感尤其在过年放假的时候最为明显，总感觉自己什么都没做，时间就匆匆过去了，无意中听到逻辑思维中讲的"忘我境界"，大概就是如此吧。

电视剧还没有看几集，天就黑了；玩一会儿游戏，一天就过去了，感觉却是"早上刚洗完脸"。等发现时间过得飞快，也已经晚了，便开始后悔，后悔自己做了些没有意义的事情。但是一旦有空闲时间，又忍不住要去做这些让自己后悔的事情。工作之余的时间完全在自己的放纵下流逝了。

更糟糕的是，当别人展示自己的成绩的时候，例如又学了一项技能，有了意外的收获，内心就会产生强烈的挫败感，甚至发现任何借口都安慰不了自己，情绪变得特别糟糕，同时又责怪自己没有定力。

让时间失控的人，往往对自己也难以掌控，一不小心，工作、学习、生活就会乱作一团，不要说什么进步了，就是把所有的事情安排得有条理一点，都变得很难。所以提高自控力是十分必要的。

自控力即定力，定力靠的是心力。这个世界一直在惩罚那些没有自控力的人。

拿减肥来说，我认识的几个女孩都在争先恐后地减肥，坦白地说，对于爱美的人，减肥是有必要的。我的一个同事也正在减肥，她的动力来源于一次逛街。中午，我们部门的几个同事一起去外面吃饭，吃完饭女孩子们都爱去周围的商场转转。

"这个款式有我能穿的吗？"我的同事问道。

"没有，您再看看别的。"导购礼貌地说。

"这款呢？"

"也没有。"

在一连问了十几次之后，导购也有点不耐烦了。

"要不您去对面转转看，那边大概有您能穿的。"

顺着她的手指，我们看到了中老年服饰。

我的同事一言不发地走了，后来的几天里，再也没看到她吃红烧肉。

"真有毅力啊。"我们有点不敢相信。

某天的中午，我们再次看到了她狼吞虎咽的样子。

"减肥有什么好的，专家说，太瘦的人容易得抑郁症。"

…………

自控力不强的人，会用太多的借口安慰自己，如果心被安慰了，自控力也随之被瓦解了。我意识到，我们的自控能力不强，是因为对自己太过仁慈。我们总有各种各样的借口，无论真假，来安慰自己。所以很多时候，我们依赖于外界的残酷，如打卡制度，但即使在这种状态下，我们还是会原谅自己。人们每天都在面对各种各样的诱惑，来自手机、购物、巧克力、电子游戏等的诱惑，需要自控力；因为外界刺激情绪失控，需要自控力；工作没完成，却依然想赖床，需要自控力。总之，我们太需要自控力了。

然而自控力不是天生的，而是需要我们经过刻意训练才能得到的。《自控力》一书可以帮助我们避开失控的怪圈，让生活和工作都变得可控起来。

目　录

第三章　管理那些无效努力

第四章　目标＋高效执行，能终止纠结

第五章　"完美"是一种美丽的陷阱

第六章　做情绪的主人，而非奴隶

第一章

靠自控治愈拖延症

拖延是在浪费生命

一个病危的人即将走到生命的尽头，奄奄一息中他看到死神来到他的身边。他请求死神："再给我一分钟好吗？我想用这最后一分钟看看天、看看地，拥抱一下我的亲人，回忆一下我的朋友。".

死神说："抱歉，我没法答应你。你这一生曾经有足够的时间可以利用，你都没有像现在这样珍惜。我这儿有一份你的时间账单：一共 70 年的岁月，1/3 的时间是在睡梦里度过的，剩下的几十年里你经常拖延时间。明细账罗列如下：你做事拖拖拉拉，一共耗去了 42500 个小时，折合 1770 天；工作的时候心不在焉、马马虎虎，导致事情不断地要重做，浪费了 200 多天；因为游手好闲，你经常发呆，浪费了 50 多天；工作的时候经常煲电话粥，甚至直接倒头呼呼大睡；还有……"

死神还没说完，却发现这个病人已经断了气。

这个故事说明了拖延就是对宝贵生命的一种无端浪费。

美国作家唐·马奎斯曾说："拖延是止步于昨日的艺术。"的确，人的一生，短短几十载，生命是有限的。如果我们浪费时间，工作和生活总是被那些琐碎的、毫无意义的事情所占据，那么我们就没有精力去做真正重要的事情了。世界上有很多人埋头苦干，却毫无成就，如果他们充分利用了自己的时间和精力，绝对可以做出更有价值的事情。

可能你也有过这样的经历：读书时代为了证明自己是与众不同的，你会拖到最后一分钟才交作业；经常等到工作必须结束的时候，才马不停蹄地"开夜车"完成。几乎每个人都清楚地知道，拖延是不好的习惯，可是，你是否真正思考过，多年来的拖延为你带来了多大的损失呢？

对于现代社会总是处于忙碌中的人们来说，也许拖延问题是他们最难抵制和克服的，同时也是一种不良的行为习惯。有关资料显示，在大学生中，大约有70%的人有拖延习惯，只是程度不同；成年人中有25%的人有着慢性拖延问题，另外，有95%的人希望能减轻他们的拖延恶习。因为拖延已经逐渐影响了他们的生活，一些人为此而感到苦恼。其实，你可能意识到，现在的你已经有可能掉入"拖延怪圈"里了！

鲁迅说过："伟大的事业同辛勤的劳动成正比，有一分劳动就有一分收获，日积月累，从少到多，奇迹就会出现。"伍迪·艾伦也曾说过："生活中90%的时间只是在混日子。大多数人的生活层次只停留在为吃饭而吃，为搭公车而搭，为工作而工作，为回家而回家。他们从一个地方逛到另一个地方，使本来应该尽快做的事情一拖再拖。"的确，在我们周围，也包括我们自己，在工作的过程中，因各种事由造成拖延的消极心态，就像瘟疫一样毒害着我们的灵魂，影响和消磨着我们的意志和进取心，阻碍了我们正常潜能的发掘，到头来一事无成，终身后悔。那么，该怎样克服拖延的坏习惯呢？以下几点可供我们参考：

1. 承认并有意愿克服自己的拖延习惯

很多人有拖延的习惯，但是却不肯承认。只有承认自己有拖延的习惯并有意愿改正，才能成功戒除拖延的恶习。

2. 找到拖延的原因

很多人迟迟不敢动手，是因为害怕失败。如果是这一原因，那么，你就应该强迫自己去做，假设这件事非做不可，这样你就会惊讶地发现事情竟然可以做好的。

3. 严格地要求自己，磨炼你的毅力

爱拖延的人多半都是意志薄弱的，当然，磨炼自己的意志并非一朝一夕就能做到的，需要你从小的、简单的事做起，并坚持下来。

4. 做好计划，要求自己严格地按计划办事

对于自己要做的事情制订一个计划，根据计划中的时间规定，严格地完成事情的每一个步骤。

5. 别总为自己找借口

例如，"时间还早""现在做已经太迟了""准备工作还没有做好""这件事做完了又会给我其他的事"等，不要让这些借口牵绊住你的执行力。

6. 坚持到最后，获得成就感

一直做同样的事很容易让人对事情产生厌烦感，但不应

该做一段时间就停下来，坚持下去会给你带来一定的成就感，促使你对事情感兴趣。

其实，人生苦短，很多事如果你拖延的话就来不及了，比如享受生活、读书学习、运动、旅行等。也许你会说，我还年轻，有大把的时间；也许你会说，我还有以后，但我们最不能挥霍的就是时间，怎么会有那么多的以后在等着你呢？

摆脱惰性，勤劳才能战胜拖延

说到懒，很多人不以为然，总觉得不过是生活习惯上的小毛病，出不了什么大乱子。懒的结果不外乎就是，房间乱了点，衣服脏了点，人邋遢了点，做事拖了点……偶尔咬咬牙，也能变勤快。

不可否认，懒惰是人的天性，任何人身上都不可避免地存在惰性，只不过有的人自控力强，有的人自控力弱。但有一点我们必须清楚，懒惰是本能，但不可小觑，一旦丧失了自控力，让懒惰和拖延跑到一起，有些结果就可能超出你的预料。

罗威从军校毕业后，分配到某看守所做狱警。他不喜欢这份工作，内心充满了怨愤，态度也很消极，能不做的事情就不做，领导没安排的任务他也不会主动承担，就算是安排到自己头上的工作，也是拖着做。

某个周末，犯人赵某的妻子来探监，她告诉赵某，他们的女儿出车祸去世了。赵某情绪波动很大，监狱长让罗威尽快找时间跟赵某谈谈，疏导他的情绪，以防发生意外。罗威没当回事，因为各种琐事拖着没办。一周之后，当他想起这件事，来到重刑监区准备找赵某谈谈时，才得知赵某在两天前自杀了。

你能想象得到，就因为懒惰拖延，会让一个生命突然消逝了吗？或许，多数人都不曾意识到，当懒惰这一恶习蔓延开时，我们会不分轻重地拖延，总是心存侥幸地认为没事，却忘了有多少意外都是因为疏忽大意酿成的。

英国圣公会牧师伯顿，同时是一位学者和作家，他在《忧郁的解剖》中写道："懒惰是极为严重的坏习惯，再聪明的人，如果有懒惰的恶习，都是非常不幸的，他最终会被懒惰打倒，成为制造恶行的人。懒惰控制着他的思想，在他的心中劳动和勤劳是没有一席之地的。此时他的心灵就像是垃圾场，那些邪恶的、肮脏的想法，会像各种寄生虫和细菌一样疯狂地生长，让他的心灵和思想变得邪恶。"伯顿还总结说："不管是男人还是女人，如果让懒惰控制了内心，那么他们的欲望将永远不能得到满足。"

是的，懒惰的杀伤力和覆盖面，远远超乎我们的想象。

懒惰的人，对工作不可能富有激情，更谈不上责任心，只会得过且过、混一天算一天。

懒惰的人，在人际关系上也是一塌糊涂，明明是自己的问题，却要拉着别人一起来承担。任何关系如果无法建立在互惠的基础上，都是难以长久的。当你的懒惰变成了自己和他人的绊脚石，还有谁愿意与你同行？

懒惰的人，在感情的路上也会屡屡受挫。爱情也好，婚姻也罢，都是需要用心经营的，你习惯性地犯懒，把所有的家务和压力都置于对方的身上，再好的感情也会被压垮，再乐意付出的人也会失落，付出总是需要得到一些回报，才有勇气坚持。

曾有人问一位在寺庙修行的僧人："为什么念佛时要敲木鱼呢？"

僧人说："名为敲鱼，实则敲人。"

那人不解，追问道："为什么是鱼而不是其他动物呢？"

僧人大笑，答："鱼是世界上最勤快的动物，它每天游来游去，眼睛一天到晚都要睁着，连勤快的鱼都要这样时时敲打，更何况是懒惰的人呢？"

生活中的很多灾难，不是别人酿造的，也不是老天刻意地为难，而是自身的惰性习惯导致的，那就是懒得做任何改变。要战胜拖延，就得先从心理和行动上克服懒惰。如果懒惰的情绪一直存在，人就会处于一种空想的状态，做什么事都会觉得"懒得动"。

从现在开始，不要再把懒惰当成小事，当你放任了它的随意，它就会在你的身体和思想中扎根。懒惰的人还有希望改变，知而不行的人则无可救药。记住歌德说的话："我们的本性趋向懒怠，但只要我们的心向着活动，并时常激励它，就能在这种活动中感受到真正的喜悦。"

第一章　靠自控治愈拖延症

立即去做最紧迫的事

最紧迫的事就是最着急的事，最着急的事自然要马上去做，但是我们有时候却不知道最紧迫的事是哪些事，只有到了火烧眉毛的时候，才突然意识到哪些事情重要，哪些事情不重要；哪些事情被耽误了下来，而哪些事情做了却意义不大。虽然意识到了问题所在，但这个时候往往已经迟了，悔之晚矣，因为客观上已经造成了拖延。

这种拖延是无意识拖延，属于做事方向性错误，也是不积极行动的另类表现。

如果你每天都忙得焦头烂额，但还总是耽误正常的工作进度，此时你就需要好好揣摩一下自己的工作方法了，看看自己是否患上了"无意识拖延症"。如果确定自己患上了"无意识拖延症"，那么不要抱怨，更不要迟疑，而要积极行动起来。具体方法可以参考下面的几个要点来进行：

1. 让自己紧张起来

人活几十年，抛去少不更事、老不能事以及其他杂七杂八的事情占用的时间，人实际工作的时间也就十几年，不能谓之多。但就在这不算多的时间里，往往会做错许多事，再去除做这些错事所浪费的时间，我们还有多少时间去做有意义的事？所以，我们要让自己紧张起来，仔细梳理一下哪些事情是非做不可的，哪些事情是可以忽略不计的，这样我们才能较为准确地找到最要紧、最该做的事情，确定好后，马上积极行动起来。

2. 采用便笺排序法

这是一种简单却很有实效的方法。特别对那些工作内容庞杂的职场人士十分有帮助，能使他们在很大程度上避免因"无意识拖延"而造成的工作延误。

具体方法是：将所有要完成的工作内容一条一条地写在便笺纸上，一张便笺纸只写一项工作内容。需要特别注意的是，每项工作的最后截止时间以及该项工作大致需要耗费的时间一定要标注清楚。最后按照需要完成的先后顺序将这些便笺依次贴在某处，使自己能随时看到，接下来按照这个顺序来安排工作就可以了。

这种方法一方面能有效避免某项工作被遗漏，另一方面又能一目了然明确自己的工作顺序。若有突发事情需要处理，也很好解决，只要把写上突发事情的便笺插入适合的地方即可，然后继续按照原先的顺序安排工作。

3. 立即行动

再好的排序如果不执行，就等于浪费精力和时间。一项工作，不管大小和重要不重要，都得靠行动才能实现，如果不行动，就只能"水中望月"，看着美丽，但永远也得不到。所以，在确认了事情的排序后，要立即行动。

　　另外，从心理学角度来讲，立即行动也是避免"无意识拖延"的心理需要。因为人对即将要做的未知的事情总会不由自主地充满恐惧，这种恐惧会造成"无意识拖延"的发生，要想避免这类拖延的发生，就要想办法消除这种行动前的恐惧。

　　消除行动前的恐惧的最好方法就是立即行动。虽然刚开始行动时依然会有所恐惧，但在真正投身于行动之中时，恐惧就会逐渐消失。而且越是全身心投入行动中，恐惧消失得越快。所以，赶快行动起来吧！

没有挑战就没有突破

　　从心理学上看，人的思维是有惰性的。正是因为思维具有惰性，所以造成了拖延的通行。客观上造成拖延的因素有很多，有内在的因素，也有外在的因素，但是外在因素是通过内在因素起作用的，因此，内在因素才是最关键的。在内在因素中，人思维本身的惰性是造成拖延最为重要的因素，因此，要想改掉拖延的恶习，就要战胜人思维上的惰性。那么，如何战胜思维上的惰性呢？主动挑战不可能完成的事是众多方法中非常有效的一种。

　　攻击是最好的防守，主动出击可以提高士气，在气势上占据主动的位置，同时在高涨的气势下做事，会起到事半功倍的效果，能大大打击拖延的"生命力"。如果挑战成功，那么就会大大提高战胜困难的自信，对后面的行动会起到非常显著的鼓励作用。在这个过程中，拖延生存的机会就会大大缩小，直至失去容身之地。所以说，主动挑战不可能完成的事能够有效控制拖延恶习的滋生。

江志敏没有上过大学，也没有一技之长，她想开个小吃店。因为她认为小吃店事情少，比较好操作，更重要的是小吃店运营成本低，比较适合自己。江志敏幻想着美好的未来，开始了寻找店面的工作。店面的位置很重要，关系到生意的成败。

江志敏知道店面位置的重要性，于是花了一些时间仔细去找。有几家她感觉店面位置挺好，但是租金有些贵，她担心生意亏本。遇到租金便宜的店面，她又感觉位置不好，担心收不回成本。就这样，有合适的店面时，她犹豫不决；没有合适的店面时，她又下定决心创业。最后，那个想象中位置又好、租金又便宜的店面一直没有找到，江志敏想开小吃店的梦想因此破灭了。后来，江志敏又想开一个社区洗衣店，同样是夭折于筹备工作中。

一次，江志敏来到以前考察过的街道，惊奇地发现在这条街道上开起了一个小吃店，位置正好是她以前看好的地方。现在的情形是，她想办的事没办，而别人办了，而且生意还非常火爆。江志敏后悔不已，她痛恨自己当初的优柔寡断。她想，如果当初自己勇敢出击，那么今天这家生意火爆的小吃店就是属于自己的了，可现在说这些又有什么用呢！

第一章　靠自控治愈拖延症

　　江志敏从这件事上得到了教训，她决定改变自己懦弱、犹豫不决的做事风格，要求自己敢于向前迈步。在这种思想的鼓舞下，她报考了之前一直想报考却又怕考不过的会计师考试。考试之前，她买来各种资料，静下心来仔细学习，做试题，听教程，看笔记，参加考前培训。功夫不负有心人，在第二年的会计师考试中，江志敏报考的几门课程全部通过了。

　　这次的成功让江志敏的信心大增，让她坚信只要有决心，有信心，敢于主动出击，终会有成功的一天。在她看来，人之所以经常遭遇失败，就是因为各种原因而选择了退缩，而这些原因就是人们为自己的拖延寻找的各种借口。

　　思维的惰性有很强的"生命力"，只要给它一丝生存的空间，它就会很快地"茁壮成长"。拖延与惰性如影随形，惰性如果滋生了，拖延肯定是要随之蔓延。因此要想让拖延远离，就不能给惰性一丝生存、生长的机会，要从根本上扼杀拖延。

　　主动挑战不可能的事不但需要一定的勇气，而且还要讲究一定的方式、方法。从前者来说，只要下定决心去做了，就要说到做到。可以将计划写在一个本子上，标明行动的日期，然后时间到了时，不去考虑其他任何因素，只想着一件事，那就是开始行动，这样一来，就没有任何借口拖延了。

　　实际上，很多事情只是感觉上很难，真实的情况却未必如此。"万事开头难"往往只是人们在心理上的错觉，克服了心理上的这道坎，所谓的"难"也就不再难了。因此一定要跨越这个拦路虎，多进行自我鼓励，多想想怎样把事情做好，不要去想"这么难，怎么去做"之类的问题，从心理上减轻思想压力。扔掉思想包袱，轻装上阵，使那些不可能完成的事也能够顺利完成。

如果我们习惯于做事拖延，就可以针对情况"先斩后奏"，先行动起来，造成既定事实，逼迫自己只能前行，而无法寻找不做事或拖延做事的借口，至此，主动挑战便成了现实。

时刻警惕懒惰入侵

思想决定行动，有什么样的思想就有什么样的行动。生活中有些人意气风发，敢想敢做，无所畏惧地前行，而有些人思想慵懒，在懒惰拖延中苟延残喘，"当一天和尚撞一天钟"，平庸地度过一生。还有些人虽然一开始犯懒，做事拖延，但他们能够及时反省，提醒自己远离懒惰和拖延，最终成功地从懒惰和拖延的陷阱中摆脱出来。这些都是不同思想作用的结果。

思想不同，思想引导下的行动就不同；而行动不同，人生就不同。人的思维实际上是呈封闭模式的。要想打破这种封闭模式，需要很强的意志力，如果意志力不足，就会不由自主地顺着惯性的力量"拖延"。人的思想决定行动，思想如果"拖延"了、"犯懒"了，行动自然就跟着拖延和犯懒；反之，如果思维活跃，行动也就积极、活跃，这样自然就能增加成功的概率。

蔡雯是浙江温州人，在家庭作坊比较普及的年代，她成立了自己的服装加工作坊。两年多的时间里，她赚取了自己的第一桶金。在蔡雯成立服装加工作坊的第三年末，家庭作坊逐渐退出历史舞台，取而代之的是现代化的制造工厂。

由于实力的限制，在这个转变的关口，不少像蔡雯这样的服装加工作坊纷纷倒闭。和其他同类型的服装加工企业一样，蔡雯面临着客户大量流失的窘境，但是她没有像其他作坊主一样解散员工、关闭企业，而是积极开动脑筋，寻求出路，在订单不足的情况下，她没有辞退一名工人，而是分批安排工人进行技术培训，在提高产品技术含量的前提下，蔡雯自己也多次出去参观学习，完善企业管理，积极向现代化企业转型。

在蔡雯以攻为守、以进为退的策略下，她的作坊式加工厂向现代化企业转型成功。从技术上看，她的企业加工技术较之前明显有了大幅度的提高，接近知名加工企业的技术水准。从管理方面看，蔡雯注重引进现代化管理理念，弥补了原有落后管理的不足。

活跃的思维引导了积极的行动，最终拯救了一个困境中的加工厂。可以想象一下，如果蔡雯当初没有采用以攻为守、以退为进的逆向思维，那么她的服装加工厂极有可能像其他同类型的加工厂一样走向破产和灭亡。从这个事例中我们可以看出思维的活跃有多么重要，它可以起到起死回生的巨大作用。

虽然困难会不时找上我们，但我们一定不要在困难面前退缩，更不要破罐子破摔，犯懒、拖延都是不可行的，要知道越是这样，越是解决不了问题。"最好的防守是进攻"，只有活跃思维，打破僵化的模式，积极行动起来，才能找到解决问题的突破口，才有机会迎来胜利。

晓燕的父亲是闻名四方的大律师，母亲是市文化馆的馆长，晓燕本人乖巧可爱，且有很高的艺术天赋。在母亲的熏陶和教育下，长大后的晓燕口齿伶俐、多才多艺。这为她的梦想——当一名优秀的电视台主持人，打下了良好的基础。但是晓燕的梦想最终却化为了泡影，原因在哪里呢？原来虽然晓燕口齿伶俐、多才多艺，但是她非常骄傲，不愿意主动寻找实现梦想的机会，而只是等待机会主动上门，但是机会始终没有找上门来，晓燕也就一直不切实际地在家里等着，直到梦想最终破灭。

而身在同一片蓝天下的丁怡却实现了自己当主持人的梦想，她没有晓燕殷实的经济基础，也没有晓燕那傲人的天赋，但是她肯动脑筋，上学时白天认真听课，晚上勤工俭学。毕业后，她没有等机会主动找上门，而是一边继续学习，一边主动出击，四处求职。她跑遍了所有的招聘会，经受了一次又一次的失败，但是她不灰心、不气馁、不退缩，而是越挫越勇，终于进入一家外省电视台工作，成为了一名主持人助理。两年后，表现出色的丁怡得到了提拔，成了这家电视台正式签约的栏目主持人。

晓燕选择了不切实际的等待，被动期待着机会的降临，将实现梦想的行为一拖再拖，最终梦想破灭。而丁怡思维活跃，不墨守成规，为实现梦想主动出击寻找机会，最终迎来了成功。

在活跃思维、转变思想方面，要多角度、多方面开动脑筋，遇事不妨反过来想一想，说不定就能豁然开朗。还有，一定不要被僵化的思维定式所限，一旦进入了思维定式，就会原地转圈，既耽误了时间，又错过了良机。

要积极主动地打破思维定式，学会用归零的心态看待问题，只有这样才能在无形之中找出有形的解决办法。但是也不要盲目行事，不能抱着"一刻也不能拖延"的心态稀里糊涂地做事，要审时度势、仔细思量，在认清利弊、确认方向后，再积极行动。

加强时间管理，让拖延无机可乘

有人说，管理时间是生命的本质。不能管理时间，便什么也不能管理。假如失去了财富，可以辛勤地再赚；假如失去了知识，可以再学；健康则可以靠保养和药物来重得，但时间却是一去不返。最稀有的资源，就是时间。我们每个人都必须学会做时间的主人，尤其是那些拖延者，善用时间尤为重要，而要做到这一点，首先就要学会最大限度地利用空余时间，其实，这如同"小额投资，足以致富"的道理一样，利用空余时间也是提高做事效率的捷径。可以说，古今中外，大凡有所成就者，都是善用空余时间的高手。

1849 年，在一艘从意大利的热那亚去英国的船上，当所有人都在喝酒作乐、尽情享受海上的航行的时候，恩格斯却坐在甲板的角落里，不停地在一个小本子上写写画画。原来，他是在研究航海学，他在本子上记录的是太阳的位置、风向以及海潮涨落的情况。

智者总是劝我们珍惜时间，努力充实自己，而我们常常称自己没时间。有人算过这样一笔账：只要每天临睡前挤出15分钟看书，一年就可以读20本书，这个数目是可观的，远远超过了世界上的人均年阅读量。

我们的空余时间其实并不少，关键在于怎样利用时间，并避开"时间陷阱"。"时间陷阱"通常有极好的伪装性，如果不提高警惕性，人往往就会不知不觉地被拖进去，而宝贵的时间也就悄然从你身边溜走了。

生活中，这些"时间陷阱"很常见，你却可能视而不见，也可能司空见惯。但是你越是不注意，浪费时间的情形就越严重，因此一定要提高警惕。下面是生活中常见的"时间陷阱"，要引起注意。

1. 做事犹豫不决

很多人在做出选择和决策前，常常犹豫不决，迟迟不做出决定，这样势必会浪费时间。在做事的过程中，犹犹豫豫也必然会影响工作效率，导致效率不高。通常这类人会过多地忧虑未来，就是把很多时间用于计划过于遥远的事，而对眼前的事则认为已成定局，因此会放弃眼前。这样的做法只会养成迟疑、拖延的坏习惯，致使原本就不多的果断、爽快的行事风格丧失殆尽。

2. 做事漫不经心

时间如此宝贵，但是有些人却偏偏做事拖拖拉拉，随便打发时间。"做些什么呢？真无聊！"是他们的口头禅。

列夫·托尔斯泰是世界著名作家，代表作有《安娜·卡列尼娜》《战争与和平》，成名后，上门采访和约稿的人很多。起初列夫·托尔斯泰答应给几家媒体写稿，但马上就到截稿日期了，列夫·托尔斯泰却还没有上交稿子。有人来到他家里，发现他正在悠闲地散步，见到来者，他说他最近迷上了散步，每天都在散步上花费很多时间，有时也会陪小孩子做游戏。来者催稿，列夫·托尔斯泰说："不是我不写，只是没时间啊，我每天都写稿写到深夜，之后病倒了，医生建议我最好减少写稿子的时间。"

列夫·托尔斯泰的说法只不过是借口，他的健康问题不是因为写作时间太久，而是由于做事拖拖拉拉，所以不得不深夜赶稿导致的。

生活中，因漫不经心导致时间被浪费的事情随时随地发生着，比如，因为乱放东西，当再一次需要该东西的时候，就会花费很长时间去找；因为粗心大意记错了时间，耽误了该办的事；本来是要去某地办事，路上看见一群人在争吵，在好奇心的驱使下，凑过去看看发生了什么事；正准备工作，听同事们在讨论昨晚的足球赛事，于是也凑了过去，等等。你的时间就这样被看似漫不经心的事"吞噬"了，那些本该做的事也因此被拖延了。如果不想被那些可恶的"漫不经心"所拖累，不将本该做的事拖延下去，就要提高警惕，谨防"漫不经心"伪装的陷阱。

3. 做事不知变通

有些人做事过于遵从固有模式，在依据的现实条件发生变化的情况下，还是按照原来已经不合时宜的方法做事，不知道变通。还有些人做事不分轻重缓急，"眉毛胡子一把抓"，往往导致重要的事没有完成，计划无法顺利进行下去。这些都是做事不知道变通的表现。宝贵的时间在这些僵化的办事方式中悄然飞逝。

做事要知道变通，当现实的条件发生变化时，做事的方式也要随之变化，以适应现实需要。

4. 随心所欲

有些人看喜欢的小说而忘记了要完成的作业，忘记了还没有完成的工作任务，甚至忘记了喝水、吃饭；有些人玩刺激惊险的游戏时废寝忘食，忘记了一切。在工作中，如果有几项任务摆在面前由你选择，那么你往往会选择自己感兴趣的，但有时候却忽略了它是否紧迫和重要。

夏伟的好朋友于泽是一个生活非常"随心"的人。拿上班来说，大学毕业至今的六年里，他换了十几份工作，每次刚到新单位上班不久，于泽就会因为一件小事或者公司的某一个小制度不合理，而产生无限的抱怨，不是说自己怀才不遇、倒霉透顶，就是讽刺老板开公司是走了狗屎运，说这样的人不配做老板。有一次，他竟然在上班才一个月时，就和老板公开大吵了一架，结果一分钱的工资都没拿到就不干了。夏伟有时会挖苦他："你都毕业好久了，还跟学生一样啊，冬天放假一个月，夏天放假两个月……"于泽不以为然，还是依照自己的喜好，不喜欢就辞职，换工作的次数比买衣服还要勤。

这种行事风格固然满足了自己的喜好、欲望，但是常常会掉进"时间陷阱"，把一些该办的事耽搁了，造成了整个计划的拖延。

要想避免这种因顺着喜好做事而导致的拖延，就必须努力培养自我约束能力，增强抵抗喜好、欲望诱惑的能力，力争改掉不良嗜好。虽然有些事是自己喜欢做的，但只要不比其他事情紧迫和重要，就应该毫不犹豫地放弃它。虽然一些事情已经开始做了，并且感觉很愉快，但是该结束的时候一定要适可而止，否则，肆意顺着自己的喜好行事，会导致距离该做的事情越来越远。

5. 过度注重社交

现代生活中，人际交往越来越频繁，越来越重要，也越来越引起人们的重视。正因为如此，人们花费在社交礼仪上的时间也越来越多。机场、车站、码头的迎来送往；宾馆、酒店、会馆的握手言欢，这些社交礼仪虽然有它的必要性，但如果过度，势必会造成时间上的浪费。一定要谨防这些"时间陷阱"。

总之，只有加强时间管理，拖延才没有可乘之机。

第二章

管理那些无效社交

时间诚可贵，交际需有效

生存在社会上的每个人都不免要和别人交往，都不能没有自己的社交圈，可是，很多人并不一定有足够成熟的社交观念。在社交上，我们不能成为别人社交中的被动者，相反，要有自己独特的社交观念。好的社交观念，能够给我们带来更多有效、有用的社交反馈。

很多人一味地认为社交就是与别人一起吃饭喝酒，当别人邀请自己时不能推辞，当自己有空时就请别人吃个饭；认为如果自己帮助别人，别人也会帮助自己。到最后可能才会意识到，社交中有许多复杂的东西，并不是简单的吃饭喝酒就能解决问题；在自己需要帮助的时候，自己曾拼命去帮助的人可能会躲在一旁看自己的笑话。

石头是一名新生，在进大学之前，他常听表哥表姐说"在大学中要多认识一些人，扩大自己的社交圈，以后求人办事也容易得多"。石头将这些话牢记于心，于是，还没有开学的时候，他就在各个新生群里聊天，以刷存在感。

开学后不久，石头开始参加学生会竞选，一来能够证明自己的实力，二来能够锻炼自己，三来能够认识更多志同道合的人。后来，石头就忙碌于学生会的各项工作之中，当室友午睡的时候，他跑去值班；当室友在宿舍打游戏的时候，他结束一个排练去参加另一个排练。石头虽然忙碌，但也确实认识了很多人。

"你也认识那个人啊？"很多时候有人这样惊讶地问石头时，石头都会一脸自豪："对呀，我和他同在学生会。"全校各个专业都有自己认识的人，想打听什么只需要在手机上简单地问一下。因此，很多同学都会找他帮忙，石头也觉得表哥表姐的话说得挺对的，社交圈越大，认识的人也就越多，办什么事也就越便利。

但是很明显，石头几乎每天都奔波于各种社团组织中，要么在开会的路上，要么在值班的路上，要么在进行活动策划。有时候甚至因为开会或者部门聚餐，要逃课或者逃讲座；有时候因为要和部门的人进行交流和交接，上课时他也没有好好听讲，一直看着手机，好几次都被老师直接点名批评。但是石头不以为然，他认为只要现在多认识一些朋友，以后工作的时候就能有更多人帮忙，用他的话说就是"现在上的课都算什么呀"。

后来，石头期末考试五门挂了三门，其余两门的成绩也非常差，毋庸置疑，石头最后只能补考或重修。由于成绩不好，很多组织没有继续留他，他所谓的朋友也因为没有工作的联系而慢慢变得疏远了。虽然石头很想让社交圈还像以前那样，但是很多所谓的"朋友"最终也只是成为手机通讯录的一个名字而已，找不到理由联系，找不到借口见面，就连看到通讯录中的名字也觉得格外陌生和不自在。

大的社交圈维护起来也需要花费很大的精力和时间，一个人的社交圈不在于"大"，而应该在于"精"。不管你的社交圈有多大，如果社交圈里面的朋友不能在你最需要帮助的时候伸出援助之手，那么也是没用的；相反，如果你的社交圈不大，但是里面的朋友都愿意给予你帮助，这样的社交圈就是非常有价值的。

其实，我们每个人都在进行社交，不仅在公司里，在家庭、学校、公共场合等都在进行社交。不成熟的社交总是处于被动地位，明明付出了很多，却还是得不到别人的肯定。成熟的社交会牢牢把握住主动权，不管是求人帮忙还是被要求帮忙，他都知道如何做能够更好地取悦别人，如何做能够让社交更加顺利地进行下去。

很多人虽然已经成年，但是在为人处世上却不见得成熟，这也是为什么有些人会被说成"他看起来像个孩子一样"。在与别人相处的过程中，一定要尽可能理性一些，要多进行自我反思，不仅仅是反思自己的进步，也要反思自己在与人交往的过程中有没有什么值得改进的地方。或许有些人会认为社交是否成熟无所谓，不值得引起我们的注意，但是，有谁知道每年因为没有成熟的社交观念而丢掉工作、错过升职、失去朋友的人有多少！这些看似和我们的生活没有关系的细节，往往在很多时候决定了我们的成败。有科学研究表明，正常人的大脑智商以及能力相差无几，很多时候我们的差别就在于我们的一些社交观念，所以，培养成熟的社交观念势在必行。

明确交际的目的

做任何事都需要有计划，在写计划的时候也需要将自己的目标设置出来。在有目标的情况下，我们才能够把握住事情的精髓，才能够集中精力、集中时间去专注地做好一件事，使我们快速行动、准确行动。

在社交中，我们同样也需要有目的地进行交际。有目的的交际能够帮助我们减去许多不必要的麻烦，让我们能够最大化地利用交际所带给我们的好处。

小李是一个即将毕业的中文系大学生，某次跟随老师参加诗歌会议，参加会议的有很多著名诗人、编辑、评论家等。小李一直想从事编辑方面的职业，在参加这次会议之前，小李也得知张编辑会参与这次会议。张编辑任职于某著名出版社，有多年的工作经验，对于想去出版社工作的新手小李来说，这是再合适不过的人脉了。在会议期间，小李特意表现自己，这样不仅能够刷一下存在感，还能在张编辑面前留下印象分，为进一步的认识做好铺垫。当然，小李的每一个表现都是经过深思熟虑的，不会鲁莽轻佻，只会显得沉稳庄重。他提的问题也很有见解，让人觉得并不是一个即将毕业的学生所能做到的，而这一切都得益于小李会议前做的充分的准备。

会议后，参会人员共同进餐，这对小李来说更是一个非常有利的机会。饭桌上，小李并没有立即就表现出对张编辑的仰慕之情，相反，依旧落落大方。众人都在三三两两聊天，小李没有随便参与其中。在酒席的后半场，趁着众人心情都很好，小李这才凑到张编辑身边，简单地自我介绍了一番。

"知道知道，我知道！你就是那个刚才在会议上表现得非常不错的年轻人。有个人见解，很好。"张编辑虽有一点醉意，但是对小李却有着深刻印象。

小李趁机进一步介绍自己，并且讲述了自己的长处和兴趣爱好，张编辑听完更是激动不已："没想到你竟然只是一个即将毕业的学生！我这边认识的出版社有缺人的，不知道你有没有兴趣？"

后来，小李果然不负众望，在岗位上做得可谓是"风生水起"，张编辑也被人称为"编辑界的伯乐"。

小李并没有直接表达自己的目的，只是和张编辑说了自己的现状，却成功得到了张编辑的关注，也收获了社交的果实。其实，小李是抓住了社交的目的和心理。很多人觉得自己有能力就一定会得到某项工作，或者觉得自己有能力就一定能够获取朋友同事的尊敬，但很多时候结果却并不是这样的。只有定准社交目的，明确自己的社交方向，才能够帮助我们更迅速地找到前进的道路。

有目的的社交并不代表趋炎附势，而是代表我们有自己的选择。就像小李，如果不知道自己需要什么，不知道自己应该和谁打交道，那么即使再给他几次这样的机会，也不见得他就能把握住。机会是留给有准备的人的，同样，社交也是留给有目的、有准备的人的。盲目的社交只会让我们像一只没头苍蝇一样，到处乱飞乱撞，根本找不到自己的归宿；有目的的社交则能帮助我们更快速地走向人生正轨。

有时候我们社交是为了找工作，有时候是为了结识朋友，有时候是为了合作。虽然我们不建议为了目的交朋友，但是为了目的进行社交还是很有必要的。如果一味地为了目的结交朋友、进行社交，那么只会让别人觉得我们很功利、不近人情。真正有目的的社交应该是建立在真诚的基础之上的，而且不管任何时候都需要这样，就像小李在结识张编辑的过程中，并没有虚妄地夸大自己的能力，也没有过于着急地展示自我以吸引张编辑的注意力。相反，一切都显得顺其自然、水到渠成。

有计划、正当地实施有目的的社交，是不会被人诟病的，而如果只是为了实现有目的的社交而不择手段，就会让人很反感。强调有目的社交的重要性，并不代表我们就应该对过程不加以思考和斟酌。

第二章　管理那些无效社交

有了社交目的后，还必须及时地行动起来。没有社交目的的行动肯定是到达不了成功的彼岸的；如果有了社交目的，却又不行动，那我们也只能看着别人实现梦想了。

适当拒绝他人的邀请

我们总是打着与别人多交往、多认识朋友的旗帜，给自己一个参加应酬的借口；或者告诉自己要维持更长久的关系，就得多和别人一起吃饭聚会或是出去游玩，只有这样才能促进感情的交流。殊不知，生活中将近 60% 来自他人的邀请对我们并没有什么用。

小何已经参加工作三个月了，一周七天将近四天都有活动，要么是初中同学的小聚，要么是高中同学的小聚，再有就是公司同事或者大学同学的小聚，每次都是吃饭、喝酒、唱歌。因为应酬的问题，小何还和自己的女朋友闹了矛盾。

"你有那个时间不能好好陪我吗？"小何的女朋友有时候实在伤心，于是就甩给小何这么一句话。而小何却回应说："我那是应酬，你懂什么！你见哪一个有能力的人没有应酬，我是在为未来的人脉做铺垫。再说了，别人邀请我，我不能不去吧，不然别人会说我不给面子的。"

每天小何都觉得生活无比忙碌，自以为"充实"。但是当躺在床上的时候，回忆起这一天的生活，他并没有什么收获，看起来每天应酬时在和朋友欢声笑语，可是细细想来却没有什么成就。

　　几个月后，小何的业绩险些没有通过实习期，女朋友也和他分手了，这让小何瞬间震惊：我经常参加各种应酬，对别人的邀请也不加推辞，按道理来说客户应该都对我满意才是呀！为什么我辛苦工作，努力养家糊口，提高生活水平，女朋友还要和我分手？我不比别人空闲，也不比别人少努力，为什么还会出现这个问题？

　　我问他："你觉得别人邀请你的目的是什么？"小何和我说："那还不是因为别人看得起我，信得过我！再说了，一些同学聚会或是公司聚会如果不去，会被说成高冷不合群的，这对以后的工作交流、感情交流多有影响啊！""那你的工作得到这些朋友的帮助了吗？"当我问小何这个问题的时候，他缄默了，许久都没有回答我，最后告诉我"好像并没有什么帮助"。

　　小何是典型的不善于拒绝别人邀请的例子。生活中，我们会收到各种各样的请求或是邀请，请我们吃饭也好，出去玩也好，也有时候是请求我们帮忙的。作为正常人，我们的确不应该拒绝其中的某些请求，但是要知道，我们也需要打理自己的生活，也有自己的事情要做，助人为乐是值得提倡的，但是如果连自己的事情都没有处理好，还帮别人解决问题，是不是有些不自量力？

这也是为什么小何不仅没有升职加薪，甚至女朋友也离他而去的原因。他没有看到自己的时间、精力的重要性，只一味地觉得助人为乐就一定能够解决所有问题。是的，助人为乐确实可以帮助我们解决某些问题，但是陪家人、完成工作这些事恐怕是没有人能够帮忙的，不要因为别人的一些小事，而耽误自己更重要的事。

拒绝不代表我们不懂事，相反，适当的拒绝更能显示我们的成熟。不要因为自己的面子而接受所有人的邀请或是请求，最后以至于没有时间，草草了事地帮助别人，自己花费了时间和精力，却没有得到别人的肯定，可谓"赔了夫人又折兵"，实在得不偿失。善于拒绝，是对别人负责，也是对自己负责，这是一门艺术，一种能力，不要觉得拒绝就不利于自己。适当的拒绝，会让别人觉得我们不会随便答应别人，而一旦答应了就会好好去做。

是啊，每个人都在忙着自己的事，或许是因为无聊，所以才邀请你，他们出去聚会，可能只是缺少一个玩伴；他们出去喝酒，可能只是缺少一些气氛；他们出去购物，可能只是缺少一个陪伴者；他们出去吃饭，可能只是缺少一个聊天的人。真正努力的人，不会在应酬上花费太多时间和精力，因为一个人的时间和精力是有限的，一旦在某处花费太多，势必会在其他地方花费得要少。与其接受那些没用的邀请，不如认真思考自己到底需要什么。

学会拒绝，是一门艺术，它不仅需要精湛的说话技术，还需要勇气。我们都很难拒绝别人，总觉得助人为乐是一件幸福的事，可是谁会在你助人为乐的时候帮助你解决工作上的困难呢？拒绝不代表我们不想接受他们的邀请，也不代表我们"高冷"、不合群。

后来，小何还是会收到很多人的邀请，仍然是吃饭逛街、旅游购物。但是小何不再像以前那样全盘答应，相反，他学会选择重要的、喜欢的邀请，也学会向别人发出邀请。在公司，也没有谁因为小何的拒绝而觉得他不合群。小何在工作上下的功夫也被领导看在眼里，夸他更加认真。慢慢地，他顺利通过了实习期，也慢慢升了职、加了薪，最终也和女友重归于好，两个人比以前更加甜蜜。

你离成功可能只差一个拒绝，拒绝别人的邀请不代表你没有人脉。要知道，提升了自己的能力，人脉自然会到来。一味地以为别人的邀请就是人脉的人，终究会迷失在灯红酒绿的喧闹中。有时候我们不是缺乏前进的激情，也不是缺乏坚持的恒心，而很可能是因为我们害怕拒绝、不好意思拒绝别人而导致时间的荒芜浪费。

他人所求，要有选择地"应"

"你有空吗，能不能帮我一个忙？"相信很多人都会遇到这样的问题。不知道你在遇见这种情况的时候是怎样选择的，是一味地答应，抑或是一味地拒绝？有些人会说，"别人要我帮忙是看得起我，是对我能力的肯定，我不能随意拒绝"；而有些人则会说"别人找我帮忙太耽误我的时间了，不管请求什么，统统拒绝，有时间还不如做些自己的事呢"。

很多人都会像前者那样，对很多请求不加思考就予以答应。原因是多方面的，可能是因为不好意思拒绝，也可能是因为不能拒绝，不管是同学朋友，还是领导同事的大小要求，都一味地揽在身上。这样的人很多时候会有怨言，但是又不敢说"不"，因此在帮别人忙的时候，虽然口头答应着，但是在操作过程中却不用心，最后事情马马虎虎做完，浪费了时间，却没有达到对方想要的结果，因此也就没有得到对方的肯定。

还有一些人对于任何人的要求几乎都会拒绝，但凡不涉及自己利益的事，都不愿意去做。这种人被称为"精致的利己主义者"，很多时候并不受其他人的欢迎。很显然这两种人都不是值得我们学习的。为人处世既要考虑别人，也要考虑自己，不能一味地做"好人"或是"坏人"，而是要做一个善人，在任何时候，都要让别人觉得我们做的没有错。

就拿我自己来说，以前上学的时候，想做一个"老好人"，就是那种别人有什么请求，我都尽可能去帮忙的人。在高中时期，我似乎有足够的精力应付所有人的请求，后来上了大学，很显然担任的角色多了，承担的责任也就多了，事情多了，认识的朋友也就多了，很正常地，有更多的人找我帮忙，有时候是班级事务，有时候是社团事务，有时候是同学朋友的私事……各种事情有时候会一起到来，令人措手不及。虽然很多事情不想帮忙，但是碍于面子，我也不好意思拒绝，便一味地承包了。可是由于个人精力有限，自然地，许多事情也就不能做得很好。

记得有一次，一个朋友让我帮忙检查一篇文章，那一段时间我正忙着其他重要的事，但也没有拒绝他。原本定于周三完成却一直拖着，直到周五才随便地帮朋友看了看，什么也没有检查出来。因为时间精力有限，使得我无法认真仔细地看，但是无奈已经答应，也就只能草草地看看。最后，这位朋友比较生气，他说："如果你不能认真地看，那就应该早一些拒绝我。"当时我很生气，你请我帮你看，你怎么还这么多事！

如今回过头来看这件小事的时候，我发现朋友的说法是对的。别人请求我们帮忙，说明信得过我们，或是需要我们

第二章　管理那些无效社交

的某些技能的帮助。但是如果我们不能把这些事情做得很好，那么我们就不应该答应，有时候应付地答应比拒绝更可怕。那时候的自己很累很累，每天都在帮助一个又一个人解决他们的问题，以至于我自己的事情都不能很好地解决。

后来工作以后，越来越发现对于别人的某些请求，不能一味地答应，前提是自己要有时间和精力。我们不应该只做一个精致的利己主义者，也要是一个适可而止的利他主义者。不是说我们不应该帮助别人，也不是说我们帮助别人就是出于某种目的或要求，最主要的是，我们需要在做好自己该做的事情的前提下，再帮助别人。如果连自己的事都做不好，还怎么帮助别人呢？

记得认识的一个朋友，以前在大学的时候担任班委。和我的做法截然相反，他在处理别人的请求这一方面就做得很好。作为班委，班里的事他自然难以推辞，但是在班级事情多的时候，他并不是将其全部揽在自己身上，他会挑一些重要的、具有指导性的工作给自己，其余的工作则分配给其他人做，最终事情就做得很好。在日常生活中也是如此，虽然按道理来说他应该对所有同学的各项要求都予以回应，但是事实上并不是，虽然有一段时间同学会说他"不上心""不给力"之类的话，但是久了，很多同学也就理解了。

他告诉我说，很多时候一个人碍于面子会接受别人的请求，但是他没有意识到，如果这一件事没有做好，别人给自己的评价会有多差。与其可能会被别人说无情，他更愿意对每一件他答应的事负责。

我自然得承认，这一点我没有他做得好。如今的他在某公司担任部门负责人，还是像以前那样，该负责的事情，他做得不比任何人差；没有精力和时间承担的事情，就是领导交代的任务，他也会推辞。尤其是在很多人争着做上级下派的任务时，他更是会审视自己的时间、精力和能力，再决定到底要不要接。有的人说他傻，不懂得在领导面前表现，但是我知道他一直都在做让领导满意的事。在面对别人的请求时，有选择地"应"让他成为更受欢迎和信任的人。

很多时候，我们以为做好所有别人请求的事，就能获得别人的肯定，然而事实并非如此。对待别人的要求，选择性地答应远比全部答应和不答应更好，一方面可以真诚地表现自我，另一方面也是在为自己和其他人负责任。

社交铁律——没有永远的敌人

"没有永远的朋友，也没有永远的敌人，只有永远的利益。"第一次听这句话，是高中历史老师说的，当时是拿世界各国之间的利益交易做例证。

"没有永远的敌人"这句话同样适用于人与人、公司与公司之间，当然前提是不能因为某些利益而做出伤天害理的事。

　　大学时，学校门口开了一家拉面馆，专门为学生做拉面，价格不高，分量又足，因此生意很好。后来旁边开了一家板面馆，很明显在抢拉面馆的生意。渐渐地，拉面馆的生意没有之前好了。因为旁边的板面馆也是价格低、分量足，加上很多学生吃拉面也吃腻了，所以板面馆生意很红火。这可让拉面馆的老板着急了，每天都想着用新办法来吸引学生吃拉面，而旁边的板面馆也是如此。两家面馆都在想办法降低自己的成本、降低售卖价格、提高分量和提升面的味道，以让更多顾客选择自己。

　　就在不久之后，学校附近又开了一家米线店，同样，也吸引了很大一批顾客。拉面馆老板本来就担心旁边的板面馆，现在又多了一家米线馆，更是忧心不已。店里的顾客少了，营业额便有了明显的下滑，就在老板准备关门整修的时候，旁边板面馆的老板找上门来。

　　板面馆老板对拉面馆老板说："我们之前互相竞争，是想让更多学生来吃自家的面，但是在米线店开业后，你我都能感觉到顾客被米线店吸走了很多。据说学校附近还会陆续出现新的店面，这对我们每一家都不利，我们只有合作才能有更广阔的生存空间。"拉面馆老板询问怎样合作，板面馆老板说："我们两家店面紧挨着，这对我们来说是很大的优势。我想我们两家合并，既做拉面又做板面，同时再弄一些奶茶之类的饮品；然后我们把店面好好装修一下，一来扩大店内面积，二来美化店面环境。现在的学生喜欢有格调的店，加上我们食品的多样性，一定能留住很多顾客。"

暑假过后，两家面馆合并为一家面馆，店内不仅有拉面、板面，还有其他的一些小吃，在店面的一角还有一个奶茶摊，很多来吃面的顾客会顺势买杯奶茶，也有的因为买了奶茶顺势吃了份面。除此之外，店内的装修风格也比较安静温馨，符合学生的审美要求。这样一来，面馆的生意又红火起来。虽然后来陆续又有一些店面开张，但是并没有对这家面馆产生太大的冲击。由于名声已经深入人心了，也就很难被超越了。

两个面馆的老板在分开经营时，难免对对方产生怨恨，但是现在他们一起经营着共同的面馆，都从中得到了自己的利益，两个人不仅是战略合作伙伴，也成了好朋友。当时从敌人变成朋友的这一步真是拯救了两个面馆，也让两个人不再整天想着如何超越对方了。如果当时他们两家面馆没有携手合作，最终的结果就可能是两败俱伤，甚至亏本关门。

后来在学校开的店很多都因亏损无法继续经营，也相继出现过像这两家一样合并经营的模式，但对面馆的影响已经是微乎其微了。原来拉面馆的老板经常说："如果没有竞争对手的到来，如果没有这次合作，恐怕早就做不下去了。"

很多时候，我们的敌人也能给我们带来意想不到的利益。千万不能因为是竞争对手、是敌人而否定对方，那样很可能会影响我们的长远发展。没有永远的敌人，要用发展的目光看待这个世界上的很多人和事，如果不能意识到这一点，不仅在生意场上很难有所成就，在人际交往中也很容易被隔离。用一份宽容之心对待所有我们即将遇到的人，对未来的发展是有百利而无一害的。

有成就的人能够正确看待敌人的存在，他不会因为某些事而对"过去的敌人"长久地持有否定态度，这样只会两败俱伤。局限于某一时的敌我状态，是愚蠢者的表现，真正聪明的人是不会这么做的。

第三章

管理那些无效努力

不做自己不擅长的事情

不尝试自己不擅长的事情，这绝对是真理。

如果说世界上所有的错误都是逻辑的错误，那么，世界上所有的失败都是因为做了自己不擅长的事情，这是致命的。

很多人愿意把自己当成是万能的，其实不然，每个人都会有自己的短板，聪明的人会提前发现这个短板，避开。而很多人则是在失败多次之后，才意识到自己有这个短板，然后避开。

我的表弟就是这样的人，他是个创业狂。当今社会，创业已成为时尚，谁不想当老板呢？他的运气还不错，很快接到一单生意——负责一家公司宿舍的装修工作。后来据他说，刚开始所有的人都很开心，但是不久之后，工作中就有了矛盾，工人与工人之间因为没有明确的责任划分，导致装修质量问题频出。于是他采取了时刻盯着的方法，虽然很老套，但是很管用。

平静了一段时间之后，工人又开始抱怨工作与收入不成比例，希望能够得到改善，他听信了个别工人说的话，给这些工人增加了工资，没想到，过了几天，工人内部矛盾更大……无论怎样，最终还是把工作如期完成了，这让他虚惊一场。

完成第一单生意，他感觉到无比兴奋。他的运气还是不错的，马上接到了第二单生意。不过这次他就没那么幸运了，又是因为工人内部的矛盾，导致了几次停工，不得不另外找人，这让他很恼火。他总想着完成这单再好好整顿，没想到最后会出现工期拖延和各种质量问题。完工后，总体算下来，他这次根本没有赚到钱，还浪费了时间。

"当老板原来这么不容易。"

"你善良，这没有错，但你不擅长管理，为什么不找管理者？"

"我以为就 30 多个人，不用找管理者，只要有人干活就行了……"

没有完美的个人，只有完美的团队，这句话没错，它可以让人巧妙避开个人的短板，这一点我在工作中也深有体会。

我负责策划，各种工作环节都没有问题，但我并不擅长采购。以前我也不以为然，以为这是大数据时代，各种东西都是明码标价的，很透明。

刚开始的时候，我和供应商打交道，商人就是商人，表面上的标价根本挡不住他的嘴巴，经过他一翻"推心置腹"地陈情，我居然答应购买他推销的所有产品，等活动完成，我才发现所花的钱比预算高出了很多。

于是我马上和上级反映，找来了专业的采购人员，我这个人太感性，容易被说动，花不该花的冤枉钱。后来我有幸见识了专业采购员与供应商之间的合作，全程我们都处于主动，回想起我的第一次合作，全程都被对方带着走，很被动。

在以后的日子里，我偶然也会因采购人员不在，而暂时负责和供应商谈价格，发现自己做起来还是那么不流畅，最终我放弃了，专业的事，就交给专业的人做吧。

看清自己的短板本来就是一件不容易的事情。我在参考了很多资料之后，发现这样一个道理，如果不能认清自己的短板，那就试着找找自己的天赋与长处，往往很多时候，长处的对立面就是短板。

拿我自己来说，我是一个擅长谋划的人，想得非常多，但却缺乏决断能力，所以我给自己的定位永远是一个谋划者，我愿意做的事情就是把所有的可能都想出来，然后交给上层领导去决断。

坦白地说，这样的我不适合当老板，所以，我从来没想过脱离组织自己干。这是我的坚持。很多人邀请我创业时，我会首先观察团队里面有没有能做决断的那个人，如果没有，我心里是没底的，所以我通常不会答应。

能力的短板像天赋一样，会影响人的一生，"人贵有自知之明"就是这个道理吧，我想起了中国合伙人，也想到了为什么合伙人的创业难以成功。

我发现了其中的道理：人在获得成功之后，会忘记自己的短板，认为自己在任何方面都是优秀的。

很多合伙人在初期获得成功后"单飞"，普遍认为自己可以独当一面，然而单飞之后，很多时候都是失败的，这不得不让人惋惜。想获得更大的利益，这是人性，也是无可厚非的，但他们所有的失败都源于对自己短板的忽视。

认清自己的短板，关键又实用，如果自己看不清，不如多问问周围的人，他们会从多方面来评价你，综合考量一下，你肯定会得到答案。

心态也很重要，无论自己处于任何位置，都不要认为自己无所不能。当然，我们身边不缺少优秀的人，做什么事情都会做得有模有样。但，这样的人，毕竟是少数。而我和你，显然不是。

惯性思维让你走了多少冤枉路

所有的痛苦来源于自己的坚持，所有的失落来源于对人的失望。如果太过相信自己的过去，惯性思维将影响你的一生。

变通这个词，很多年前就有，但是媒体经常把这个词描绘成头脑灵活的意思，我对此有点不以为然。相对来说，认知上的变通才是关键的。

现在有一项很实用的技术吸引了我的注意，那就3D技术，购买商品的时候，你看到的不单单是它的平面，也能看到它的前后左右。

我们受困于惯性思维。

我是一个有点经验的策划人，我承认，很多经验在我脑海中依然根深蒂固，各类人群的喜好，我认为自己掌握得很到位，自信到我将别人的反驳看成是无知。但一次活动给了我很大的教训。

我和主管为了一次户外拓展活动产生了争执，他的意见是安全第一，创意第二；而我的想法是，既然耗费精力来做这件事情，总要热闹轰动，新鲜和闪光点最为重要。

"你放心，我会想到每一个细节，安全问题绝对不是大问题。"

我们争执不下，最后他还是屈服了，在我打了包票之后。谁又不想看到不断的闪光点呢，那是最直观的能力展现。

我信心满满，因为我做过类似的活动，从来没有出过任何问题。

这场为期三天的活动，第一天便将我的自信打碎了。

为了让整个活动好玩，我建议采取探险模式，所有人不带通信器材，只依靠纸质地图，在漫无边际的大山中寻找道路，寻找营地，然后才能吃饭和休息。

这帮年轻人对此感到十分新鲜，这个策划点也受到老板的赞扬，大家全部信心满满，每人只带着两瓶水就出发了。那是 5 月份，天气已经很热。信心战胜不了体力，走了大约 5 公里的时候，有人已经撑不住，我是做了准备的，后续车辆跟进，没有任何问题。但随后问题还是出现了，在夜幕降临的时候，5 月份的夜晚不似夏天来得那么迟，我突然发现，更糟糕的是，大山中的雾气让我们看不到标志物。为了竞争，我们各个队伍之间的地图并不相同，设计的路线也不相同，于是谁都找不到谁了。

靠着手机微弱的灯光，我们在迟疑中慢慢行进，找不到方向，我彻底蒙了，打开手机导航没有任何作用，大山中的路，并不在导航的系统中。

老板打电话来开骂。我理解，这个时候队伍已经步行行进了26公里，接近人体极限了，即使是拓展训练，也不能把他的销售人员都累坏了啊。

最后，我们不得不启动预案，让车辆寻找各支队伍。还好，在晚上10点的时候，终于集合完毕，算一下路程，已经步行行进了36公里，很多人的脚上腿上都有水疱和轻伤了。

我看了下主管，他也垂头丧气的，一切不必多说，我的坚持失败了。第二天参加活动的女生几乎都喊着腿疼，男生也有部分不能再进行下面训练的。老板批示，派车将员工全部接回公司，活动取消。

经验让我们自信，让我们在错误的方向上坚持和努力，第一阶段是努力坚持，第二阶段是努力补救。虽然说，没有事情是十拿九稳的，但出了错误是谁都不愿意的。

我自信有着特殊的洞察力，这是一个策划者的本能反应，甚至达到了自负的程度，但总有被现实打脸的时候。

我们公司新来的设计，是个女孩子，情商几乎为零，平时想说什么便说什么，毫无顾忌。相处一段时间后，大家对她十分厌恶。不过，她也无所谓，依然坚持自我。

我努力和她保持距离，避免尴尬。有段时间，我和同事竟然想合伙把她撵走，想想那个时候真是太不理智了。

有一次，行政部和营销部产生了一些小矛盾，公司发福利的时候，行政部故意把差一点的东西发给我们，我们大都想息事宁人，因为本就是一件小事。

但是她出马了，和行政部主管大吵了一架，拿回来好的东西，发给了我们，我们很尴尬，当时竟然没一个人过去帮她。

这次事情之后，我对她的认知已经不再是铁板一块了，开始有了松动。在一次活动之后，我对她有了更深的认识。

那次活动，是我和另一个同事负责的。但他属于是那种比较懒的人，一般不会负责，我对主管这次的安排很不满，但没有时间调整了，我硬着头皮上阵了。

一场 400 人的活动，所有物料、舞台、节目等相关准备都让我一个人来弄，我有点吃不消，但没人可靠了。

她过来了。她被安排在接待位置，也很忙，忙完手头的工作，她马上过来帮我，这让我有点感动。因为别的同事忙完手头的活之后，就休息了，这很正常，大家都挺累。

她一直帮我忙活到深夜两点多，在看到一切事情都快完成的时候，她回去休息了，我为之前对她的偏见感到尴尬。

"你这个人有点执拗，也比较容易受伤害，你要改正。"我的一个学心理学的朋友对我说。

是的，很多时候，我比较相信自己的直觉，并以此为主要标准，这就形成了惯性思维，很多时候，难免有些偏见。

为了有较大的改观，我咨询了一位远方的朋友，我们聊了很多，他说的主要内容是：多与人沟通，避免活在自己的世界中。虽然每个人都有自己的三观和评判标准，但是多听听别人的看法也是必要的，不武断就是不把自己的想法当成唯一真理。世界上本来就没有黑白的界限，要避免非黑即白的判断。

敞开心扉，如果你不能坦诚地接受这个世界，你的生活将充满固执。虽然大环境决定了你不能太天真，但是也没有必要太过隐藏自己的内心，事实上，如果你总是隐藏自己的内心，别人将会远离你。

…………

很多时候，是我们带着想法误会了这个世界，走了很多弯路。

有打击别人的时间，不如强大自己

有人的地方就有江湖，争斗在所难免。

人们争斗的方式多种多样，例如釜底抽薪。坦白地说，给别人以打击会有报复的快感，但结果往往并不如意。为了打击对手，很多人都在努力给对方"使绊子"。这是行之有效的办法，但只是暂时的，因为努力强大自己才能无所畏惧。

《闯关东》中有一段故事非常精彩：潘五爷看不惯朱开山来本地开饭馆，使用了各种各样的手段，无奈朱开山是个见过世面的人，但次次都化险为夷。

他用假死人诬陷朱开山做的菜里有毒，并想借此把朱家赶出这条街。他的诡计被朱开山识破，轻易化解了这场诬陷，并让潘五爷当众出丑。

潘五爷利用丐帮去饭馆里闹事，朱开山的宽厚感动了这群人，再次化解了这次刁难。

潘五爷找了一个人，用自己都不知道的菜肴"油炸冰溜子"去为难朱家，没想到朱开山刚好见过这道菜，再次破解了难题。

最后，潘五爷不依不饶地对朱开山发动最后一次挑衅，朱家再次接招，这次朱开山利用儿子的人脉关系赢了这场赌局，潘五爷以失败告终。

努力打击敌人，并不能使自己强大，相反，如果敌人有着强大的实力并且不断强大自己，你是压不服的，只能以失败告终。

我在工作中见过各种各样的人，乙方的事情比较多，吵架也是常有的事情，大家都是有想法的人，聚在一起各自坚持自己的主张，谁也说服不了谁，最后难免情绪失控。

小洛是公司的文案，水平一般，但也有过不错的业绩，受到客户的好评。小丽是公司的项目经理，同样有过优异的业绩。双方都是喜欢坚持己见的人。

在一次创意大会上，小丽先说了自己的想法，小洛表示反对，并说出自己的理由。小丽同样反对小洛的说法，并说明理由。双方僵持不下，那就举手表决吧，戏剧性的一幕出现了，双方的支持人数一样多，场面有点尴尬。

小洛开始有点急躁了："连常识性的错误都犯，还当什么项目经理！"

"你那个说法根本站不住脚，还自称有丰富的经验。"

双方开始了人身攻击，大家一时也拦不住，只好把老板叫来，才平息了这场战争。最后小丽被气得住院，小洛也被停职。

我后来听人事部的人说，老板在衡量这两个人的能力，闹到这种地步，只能开除一个，最后人事部门一致认为小洛虽然也很优秀，但小丽略胜一筹，再者小丽比小洛更加踏实，也更加努力，最后决定开除小洛。

小洛带着委屈离开了。

你有强大的资本，才有争斗的权利，才能保证最后获得胜利。如果没有资本，还需要不断强化自己，当自己足够优秀，足以面对各种各样的难题时，才会不惧任何挑战吧。

没有远见的努力，都是白忙

本来不想写这个故事，因为说别人没有见识，实在是有点武断。但这节也是很重要的组成部分，犹豫再三后，还是拿出来说一下，因为这事有关职业规划，希望能够给大家带来一点帮助。

因为我知道职业规划的重要性，有时候选择比努力更重要。

我想起了一件往事。

林是我很好的朋友，我们认识很长时间了。林是一家行业报的资深记者，在北京奋斗了10年，兢兢业业为报社服务。

他总说他的人生好像少点运气，我记住了他说的这句话。

而今天我要和他谈一个问题，是关于他人生规划的问题，因为他在我迷茫的时候曾经帮助过我。

见面寒暄了一番之后，我们各自落座。我开门见山道："你对现如今的传统媒体有什么看法？"

"也没什么看法，我都做了好多年了，为报社付出了很多。"

"我是说在移动互联网的冲击下，你们那边还行吧？"我说得更加具体些。

"要说不受影响，那是不可能的，我们公司已经走了很多人，但我还是不想走。我曾经努力过，家人也为我这份职业感到骄傲。"

我看着对面的他，不知道该怎样开口。

他接着说他的奋斗史："为了写一手漂亮的新闻稿，前两年我熬夜到深夜三点，厚着脸皮去请教老编辑。两年之后，终于写得有点样子了，我的努力他们都看在眼里。"林的脸上露出骄傲的表情。

"好吧。"我还是不想打断他。

"这都快 10 年了，我还是一如既往地努力，不敢有任何懈怠。我好像快熬出头了，看着我的文章每次都被同事们认可，我感到很快乐。"

"可是现在互联网行业发展得这么快，传统媒体被打压得快抬不起头了，有点风雨飘摇的感觉，你不考虑考虑转行吗？"我终于忍不住打断道。

"暂时还没有考虑，我已经习惯了，我的青春都在里面啊！"林有点不理解我的想法。

"好吧。"我们避开此话题，开始愉快地交谈起来。

一年之后，林来找我，说报社解散了，他看着他曾经工作过的地方哭了。

我们前行的路上，充满各种各样的选择，只有在掌控大趋势的情况下，才能让下面的路走得更好。

没见识的人总是跟着感觉走

并非说林没有见识，而是他对他的见识不够肯定。而正是由于这种不肯定，他才会犹豫不决，最后在犹豫中还是不知不觉地选择了习惯的生活方式。

我了解他的这种心理，就如同晚上睡觉前想创业的人，早上还是去上班一样，让自己丢开曾经，跑到一个不熟悉的环境中，谁都会犹豫的。何况林已经 38 岁了，他已经缺乏这种勇气。

很多人之所以走得不顺，不是因为能力不行、机会不够，而是因为见识太窄，最终导致目光短浅，该放弃的机会舍不得，

第三章　管理那些无效努力

只能等到结果摆在面前，才不得不被动地去处理。

没有意义，就没有坚持

努力是长久的勤奋。你总要找到努力的意义在哪里，如果看不到希望，即使你嘴上可以欺骗别人，但却欺骗不了自己的内心，你的主动性会消失，那时，你想改变都改变不了了。

当我和林谈话的时候，我已经感觉出他内心的不安，这种不安来自于对传统媒体的不看好，但他不能说，一旦他的信念倒塌了，他的工作就会一落千丈。因为他的信念没有了，就再也找不到努力的意义了。

我看到很多人都迫于生活的压力，选了一家自己并不喜欢的公司。我不建议这样做，如果你不认同公司的文化，没有在心中肯定它，就不要轻易进入这家公司，否则，你来这家公司就是混的，即使你心里可能真没有那么想过。

找不到人生节奏

每段人生都有其固定的节奏，什么时候该高，什么时候该低，看似毫无规律，其实和性格息息相关。

如果你说你感觉不到节奏，至少你对自己没有清醒的认识，这是毋庸置疑的。所以你只好跟着别人走，在别人说好的时候，你不见得认可，但你会感觉这样做的人多了，肯定是对的。

别人买房买车了，你也要跟上别人的脚步；别人娶妻生子了，你也要跟上别人的脚步；别人年薪百万了，你也要跟上别人的脚步。

不这样做，还能怎样？你对自己都没有一个清晰的定位，那么就只好跟随。朋友 A 和 B 都买了豪车，A 先买，B 跟随，但他忘记了，A 是做生意的，需要门面，而自己只是个打工的，从经济角度来看，一点都不理智。

人生这条道路，每个人都在摸索。如果你有广阔的视野，想必是极好的，至少你的努力，能够看到效果。

因此，在人生的道路上，既要努力，也要有见识。

看清逻辑，分清主次

嘈杂的车厢中挤满了各种忙碌，我对此早就已经习惯了。

各种业务电话，各种工作汇报，各种业务沟通，忙得不亦乐乎。

我们每天都要面对各种各样的事情，好和坏，简单和容易，重要的和不重要的，但遗憾的是，我们的时间是有限的。如何安排这些工作，就成为高效最关键的部分了。

我的同事是个积极的人，每天都很忙，但是却没有人肯定他，因为他是一个做事不带脑子的人。不管遇到怎样的事情，他都会固执地按照顺序来完成，如果有人打扰了他做事的顺序，他就会很生气。

一天，主管临时安排他给一个客户做一个策划案，很紧急的那种。他说："我这边工作也很急，今天要给客户发一篇通讯稿。"主管愕然，这种常识性的东西他不想过多解释。

"这件事情很重要，限你在两个小时内做完给我。"

两个小时后，主管来向他要策划案，他却刚刚做了一半，主管大怒，他不慌不忙地解释道："我那个通讯稿也得做完啊，我刚做了一半。"

这种逻辑顺序显而易见，可简单的主次关系在很多事情中却并不是那么明显，和每个人的认知不同，但又有着千丝万缕的联系。

我想到了一个著名的法则：艾森豪威尔法则。

某天，动物园里的一只长颈鹿从笼子里跑出来了，发现之后，园长召集大家开会讨论，结果大家都认为长颈鹿跑出来的原因是因为笼子的高度过低所致。于是，当天他们就将长颈鹿笼子的高度从之前的 10 米增加到了 30 米，以为这样就可以高枕无忧了。殊不知，第二天长颈鹿仍然从笼子里跑了出来。开会总结之后，再次将笼子的高度提高到了 50 米。

此时，隔壁一直在好奇地看着这一切的羚羊问回到笼子里的长颈鹿："你觉得他们会继续将你的笼子的高度加高吗？"长颈鹿有些无奈地回答道："倒是很有可能，如果他们仍然忘记关门的话。"

这虽然只是一个故事，但却反映了一个需要引起重视的道理。长颈鹿能从笼子里跑出来，根本原因并不在于笼子的高度低了，而是管理员忘记了关门，长颈鹿当然能够轻而易举地跑出来了。解决长颈鹿跑出笼子的办法，实际上很简单，将门关好就行了。关门是本，加高笼子的高度是末，动物园的做法是在舍本逐末，要能见到成效才是怪事。

同样，在生活中我们也常常会看到这样的情况，比如身边的一个同事经常会很忙碌地做事，但他的工作效率却很低，甚至还屡屡出错，问他在忙什么，他也说不出个所以然来，只一个劲儿地说自己"忙"。这其实是做事缺乏条理性造成的，东一榔头西一棒子，最终没有一件事情做得好，白白浪费了大把的时间和精力，还见不到什么成效。

关于这个问题，美国第34任总统德怀特·戴维·艾森豪威尔发明了一个著名的"十字法则"。艾森豪威尔是美国历史上一个充满戏剧性的传奇人物，曾经获得过很多荣誉。在纷繁的事务中，为了提高自己的工作和生活效率，艾森豪威尔总统想到了一个好方法，即画一个"十"字，就像数学上以原点为中心出发，将横坐标和纵坐标分成四个象限，每个象限分别为重要紧急的、重要不紧急的、不重要紧急的、不重要不紧急的事务，所有自己要做的事情他都将其根据实际情况划到不同的象限中，按重要性紧急性来安排做事的顺序。

"十字法则"也叫作"十字时间计划""四象限法则"或"要事第一法则"，有了它，让艾森豪威尔总统做起事来事半功倍，也让美国的成功学家们津津乐道，成为时间管理领域最重要的法则。具体来看，我们可以把要做的事情分为四类：

A.重要且紧急

这是需要尽快处理的事，应当排到第一位，并放在最优先的位置。

B. 重要不紧急

这些事虽然重要，但从时间上来看，不是那么急迫地需要完成，可以暂缓，却必须引起足够的重视，是仅次于重要且紧急的事情的，应该予以偏重。

C. 紧急不重要

有的事情虽然紧急但不太重要，仍需要尽快处理，可以考虑是否安排其他人去完成。紧急之事通常是显而易见的，让人难以推脱而不得不做，也可能较为有趣，但或许没那么重要。

D. 不紧急不重要

对于那些既不紧急需要去做，重要程度也比较低的事，可以选择放弃去做，或是委派他人去做，或是推迟去做。

"艾森豪威尔法则"将所有的事情划分成四个象限，让人一目了然，可以帮助人们有效厘清面对的一堆事务，克服思维的混乱，从而正确区分出每件事情所处的象限，排好顺序，迅速地做出反应并付诸行动。

这一原则的明智之处，在于告诉我们做任何事情之前，都要看清逻辑，分清主次，进行科学的安排。凡事"重要且紧急"第一，做事先抓牛鼻子，再按照轻重缓急，有主有次、有条不紊地把所有事情层层推进。只有这样，才会条理明晰，成效显著。切忌混乱无序，眉毛胡子一把抓。

俗话说，"自知是自善的第一步"。要想改变现状，做事变得更高效，应当学会在"艾森豪威尔原则"的指导下，让自己学会时间和事务的管理，规划好每一天的安排，有逻辑、有主次，使其习惯成自然，长期坚持并贯彻，久而久之，成功就会在前方向我们招手了。

有人说，人的精力在哪里，成就就在哪里。人生也需要分清主次，因为我们都在人生中迷茫地摸索着前进，只有分清主次，才能更好地接近目标。

"狙击"的关键所在

很多人向我抱怨人生的问题太多，大到成家，小到生活中的柴米油盐，处处都有问题等着你去解决。

有人说，人生来就是为了解决问题的，我很赞同这句话。但解决问题和解决问题间有着本质的区别，有的人看到问题顿足捶胸，却依然想不到化解的方法；有的人轻描淡写，谈笑间问题就灰飞烟灭了。这是一种能力，一种很实用的能力。

广东某日化公司从国外引进了一条先进的肥皂生产线，可以让肥皂生产的整个过程全部实现自动化，因此大大地提高了生产的效率。然而，不久后意外发生了。客服部接收到来自客户的投诉，声称买来的肥皂盒里面是空的，要求退货。道歉之余，公司立刻停了该自动化生产线，并向制造商反映这一情况，却被告知生产线在设计上无法避免空肥皂盒事件的发生。

公司为了防止这样的事情再次发生，就让工程师立刻想办法解决这个问题。于是，一个由几名博士为首、十几个研究生为骨干的团队很快搭建了起来，他们的知识背景包含了光学、自动化、机械设计、图像识别等各个学科。

花费数十万元后，工程师团队研发出了一套X光机和高分辨率的监视器。只要机器对X光图像进行识别，便可以透视每一个出货的肥皂盒里面是不是空的，空肥皂盒会被一条机械臂自动从生产线上捡走。

与此同时，一家小企业也遇到了同样的问题，老板于是责令管理生产线的小工务必想办法解决。略加思索之后，小工找来了一台电风扇放在生产线的一端，另一端则摆了一个箩筐。当装肥皂的盒子从风扇前通过时，所有的空盒子都会被电风扇吹起来，掉进另一端的箩筐里。问题就这样得到了解决。

这个关于"空肥皂盒"的例子不论其他，就故事本身来看，蕴含了一个非常重要的"简单有效原理"，也就是我们所熟知的"奥卡姆剃刀定律"。方法有时就是这么简单，只是我们的思维被困住了，难以找到解决问题的关键点，但总会有人想到。

公元14世纪，英国的经院哲学家奥卡姆，对于当时人们关于"共相""本质"之类话题无休止的争吵感到十分厌倦，于是愤而著书立说，宣传避重就轻、避繁就简、以简御繁、避虚就实的观点，只承认确实存在的东西，那些空洞无物的都是累赘，应该毫不留情地剔除。

在《箴言书注》2卷15题，奥卡姆明确提出，要将一件事情做好，与其浪费较多的时间，不如花较少的时间去达成。简而言之，就是"如无必要，勿增实体"，主张思维经济原则。由于他叫奥卡姆，而他又采用"剃刀"的形象化来表达这一定律，后世的人们出于纪念，就将他的话命名为"奥卡姆剃刀定律"。

它通常用于两种假说的取舍：如果同一现象有两种不同的假说，应当采取更为简单的那一种。奥卡姆的剃刀出鞘之后，可谓是以尖锐的言论剃秃了西方世界长达几个世纪都争论不休的经院哲学和基督神学，扫清了阴霾的天空，让科学和哲学从宗教中分离出来，进而催生了始于欧洲的文艺复兴和宗教改革、科学革命，使得宗教世俗化形成宗教哲学，完成了世界性意义的政教分离，让无神论深入人心。由此可见，奥卡姆的剃刀威力之大。

锋利无比的奥卡姆剃刀，历经数百年而不减光彩，从原本的科学、哲学等狭窄领域不断拓展到复杂的政府管理、企业管理等各个领域，进一步发扬光大，具有广泛、丰富而深刻的现实意义。面对着不断膨胀的规模，烦琐冗杂的制度，堆积如山的文件，管理的效率变得越来越低，很多东西都有害而无益，阻碍着工作效率和生产效率的提高。这就需要我们能够合理运用"奥卡姆剃刀"，"狙击"关键问题，采用更为扁平化的简单管理方式，化繁为简，让复杂的问题简单化，花较少的时间和精力去解决，提高绩效，达到最小成本、最大收益的目的。这样才不至于无效忙碌。

从奥卡姆剃刀的要领上来讲，管理之道其实就是简单之道，通过简化实现对各项事务的真正掌控。这对处于转型期和成长期的企业来说，具有非凡的意义。

现代经济社会出现信息爆炸式的增长，影响企业发展的因素众多，要做到简单化并不容易。应用"奥卡姆剃刀定律"，需要将最关键的脉络明晰化、简单化，抓住主要矛盾，解决最根本的问题。

简单不代表无效，甚至有时候会比所谓的高科技成本更低，关键在于找到问题的关键，有的放矢，不浪费任何时间和资源。

停止盲目努力

殷纣王即位不久，就命人为他做了一双象牙筷子。贤臣箕子说："象牙筷子肯定不能配瓦器，只能配犀角之碗、白玉之杯。犀角碗肯定不能盛野菜粗粮，只能与山珍海味相配。吃了山珍海味就不肯再穿粗葛短衣，住茅草陋屋，而要衣锦绣，乘华车，住高楼。"

于是我联想到了《渔夫与金鱼的故事》，有人说它们主要说的是人的欲望，不过我想从另一个层面来解读一下，那就是"配套"。

"配套"是一个商业套路，从中也能看出不少的人性。很多人在别人的建议下不得已选择了自己不需要的东西，或者心不甘情不愿地做了一些事情。比如你去买车，就会发现，到最后你不但买了一辆车，还买了一系列配套的东西，买回来之后，会不会觉得有点后悔？

工作中也是这样，如果你很幸运，职位上升到了高层，你会发现你的生活增加了很多不必要的应酬，浪费了很多时间。

为了配套，我们付出了不情愿的努力，浪费了精力。

在心理学上，"鸟笼效应"是人类始终难以摆脱的十大难题之一，它的发现者是近代杰出的美国心理学家詹姆斯。

1907年的时候，詹姆斯与他的好友物理学家卡尔森一起从哈佛大学退休。某天，两人一时兴起，便打了个赌。詹姆斯信誓旦旦地对卡尔森说："不久之后，我一定会让你养上一只鸟的。"从来都没养过鸟也没有想过要养鸟的卡尔森当然不信，对詹姆斯的话显得十分不以为然。然而谁都没有想到，在卡尔森生日那天，詹姆斯给朋友准备的生日礼物是一个精致无比的鸟笼。当时卡尔森就笑了："你就别费劲了，我顶多当它是一件漂亮的工艺品而已。"

但令卡尔森没有想到的是，在这以后，但凡有客人来访，就会看到卡尔森书桌旁那只空荡荡的鸟笼，他们几乎无一例外地都带着一脸好奇地问他："我说卡尔森教授，你养的鸟去哪了？是不是你把它养死了？"无奈的卡尔森不得不每次都给客人解释说："我从来就没有养过鸟啊！"他这样一解释，反而越描越黑，结果换来的常常是客人疑惑不解且不可置信的眼光，搞得卡尔森教授只好去买了一只鸟放进鸟笼里。这下果然没有人再问了。很显然，卡尔森教授成功中了詹姆斯教授的计，使得詹姆斯的"鸟笼效应"奏效。

什么是"鸟笼效应"呢？其实也就是故事中所说的，如果一个人家里放了一只空鸟笼，那么过一段时间，他通常会为了这只鸟笼而不得不去买一只鸟回来饲养，而不是把鸟笼收起来放在看不见的地方或是果断扔掉。这是一种人被鸟笼异化的情况，"鸟笼逻辑"下，人成了鸟笼的俘虏。

詹姆斯教授"不怀好意"地为卡尔森教授送上鸟笼作为生日礼物，但卡尔森教授并没有及时把鸟笼收起来，而是把空的鸟笼随意地放在书桌前。所谓习惯成自然，即便长期对着它也没有觉得别扭。因为他原本就不养鸟，所以有了这个空鸟笼之后，每次客人来访时都会惊讶地问他鸟笼是怎么回事，或者投一瞥怪异的目光过去。

长此以往，卡尔森教授早晚都会忍受不了每次费尽口舌解释的麻烦，不得不买只鸟回来与这空鸟笼相配套。在经济学家看来，比起向人解释为什么有一只空鸟笼来说，直接买只鸟装进去的心理成本要低得多。即使没有人来问，也不用向任何人做解释，时间久了，"鸟笼效应"也会自然而然地给人造成一种心理压力，迫使人最后还是会选择去买一只鸟回来。

这是一个很有意思的规律，生动地描述了人们偶然获得一件原本并不需要的事物之后，却继续添加与之相关而自己又不需要的东西的现象。实际上，在我们的日常生活和工作中，经常都在发生"鸟笼效应"的事情。很多时候，我们都容易先入为主，先在自己的心中挂上一只"空鸟笼"，而后不由自主地想要往"空鸟笼"中装一只鸟进去。

就像有天你去逛街时，在某个装修精美的店铺橱窗中看到了一只漂亮的水晶花瓶，便移不开目光了，鬼使神差地非要将花瓶买回家。但你其实从来没有插花的爱好，只不过有了这只花瓶，摆在客厅里空荡荡的总显得缺少了点什么似的，于是你会去买束花回来插在花瓶里，好像这样才会圆满。

再举个例子，当你和朋友去买衣服时，朋友对你试穿的一件衣服评价不错，但同时又冒出了一句"如果再配个名牌包，那就更完美了"，此时，你会听从朋友的建议去买吗？很多时候都会。如果选择会，那就说明你在买衣服时自动地给自己造了一个"鸟笼"，此后所产生的"买买买"行为正是对"鸟笼效应"的验证。

但我们为何不停下来呢？其实"鸟笼效应"中的卡尔森教授除了买一只鸟回来外，还有另外一种选择，那就是扔掉鸟笼，眼不见心不烦。为什么非要中"鸟笼效应"的招呢？在工作中，我们要完成一个方案，但最开始的思路错了，却因为"鸟笼效应"不肯放弃之前的努力，怕一切都付之东流。但不停止盲目的努力，我们就是在朝相反的方向走，从而离正确的方向越来越远，南辕北辙，结果得不偿失。

要逃脱"鸟笼效应"，我们就得学会逆向思维，一旦发现不对劲，就要立刻停下来，别让"盲目的努力"束缚了自己，

第三章　管理那些无效努力

不要被"空鸟笼"牵着鼻子走，才能做自己想做的，获得自己想要的。我们必须要知道，那只为与空鸟笼配套的鸟，本来就不是我们需要的。

无论是鸟笼还是鸟，对你并没有什么实际的价值和意义，勇敢地选择舍弃，是对"鸟笼效应"的正确反击。

第四章

目标＋高效执行，能终止纠结

目标与计划并不是一成不变的

一个人只有树立明确的目标，并制订出周详的计划，行动才有指引。就连那些指挥作战的军事家，他们在战斗打响前，也都会制订几套作战方案；企业家在产品投放市场前，也会制订营销计划，做好一系列的市场营销方案。而在我们做的工作中，学会制订计划，其意义是很重要的，它是实现目标的必由之路。然而，计划是否完备，是否万无一失，是否在执行的过程中与原定目标逐渐偏离，还需要我们在做事的过程中经常检查。

可能你曾有过这样的经历：上级领导交代给你一项任务，你也为此做了精心的准备，制订好了实施方案，在整个执行的过程中，你一鼓作气，认为完美无瑕，而当你把工作成果交给领导时，却被领导批评这份成果已与原本的任务目标背道而驰。这就是为什么我们常常被领导以及长辈们教导做事一定要动脑筋，一定要多思考的原因。我们先来看下面这个故事：

甜甜是一名高三的学生，还有三个月，她就要上"战场"了。这天周末，姨妈来她家做客，甜甜陪姨妈聊天，话题很容易便转到甜甜高考这件事上了。

姨妈问甜甜："你想上什么大学啊？"

"浙江大学。"甜甜脱口而出。

"我记得你上高一的时候跟我说的是清华，那时候你信誓旦旦地说自己一定要考上，现在怎么降低标准了？甜甜，你这样可不行。"

"哎呀，姨妈，咱得实际点行不行？高一的时候，树立一个远大的目标是为了激励自己不断努力，但到了高三了，我自己的实力如何我很清楚，我发现，考清华已经不现实了，如果还是抱着当初的目标，那么，我的自信心只会不断递减，哪里来的动力学习呢？您说是不是？'

"你说得倒也对，制订任何目标都应该实事求是，而不应该好高骛远啊。看来，我也不能给我们家甜甜太大压力，让她自己决定上哪个学校吧。"

这个故事中，甜甜的话很有道理，的确，任何计划和目标的制订，都应该依据自身的情况和时间段，不切实际的目标只会打击我们学习的自信心。诚然，我们应该肯定目标的重要意义，但这并不代表我们应该固守目标、一成不变，很多专家为那些求学的人提出建议，要不断调整自己的目标。也许你一直向往清华北大、一直想能排名第一，但是根据第二步的分析，如果这些科目经过努力仍无法提高的话，就应该调整自己的目标，否则不能实现的目标会使你失去信心，影响学习的效率，因此有一个不切实际的目标就等于没有目标。

其实，不仅是学习，在工作中，我们也要及时调整自己的计划，做事不能盲目，制订计划的第一步应该是明确自己的目标，有目标才会有动力，有了动力才能够前进。但在总体目标下，我们可以适当调整自己的计划，这正如石油大王洛克菲勒所说："全面检查一次，再决定哪一项计划最好。"任何一个初入职场的年轻人都应该记住洛克菲勒的话，平时多做一手准备，多检查计划是否合理，就能减少一点失误，多一分把握。

在做事的过程中，当我们有了目标，并能把自己的工作与目标不断地加以对照，进而清楚地知道自己的行进速度与目标之间的距离，我们做事的效率就会得到提高，就会自觉地克服一切困难，努力达到目标。

的确，思维指导行动，如果计划不周全，那么，就好比一个机器上的关键零件出了错。那就意味着全盘皆输。一位名人说得好："生命的要务不是超越他人，而是超越自己。"所以我们一定要根据自己的实际情况制订目标。跟别人比是痛苦的根源，跟自己的过去比才是动力和快乐的源泉，这一点不光可以用在工作上，在以后的生活中都用得着，对我们的一生将会产生积极的影响。

另外，如果我们依然在执行当初的计划，但计划里总有不适宜的部分，对此，我们需要及时调整。也就是说，当计划执行到一个阶段以后，你需要检查一下做事的效果，并对原计划中不适宜的地方进行调整，一个新的更适合自己的计划将会使今后的行动更加有效。

因此，你可以把自己的目标细化，将大目标分成若干个小目标，将长期目标分成一个个阶段性目标，最后根据细化后的目标制订计划。另外，由于不同的工作有不同的特点，所以你还应根据手头任务制订细化的目标。细化目标也能帮助我们及时调整自己的目标。

确定了目标就不要停

一位学者曾深有感触地说："一个人应当一次只想一个目标并持之以恒，这样便有希望达到它。但是有人却什么都想，最终什么也得不到。"专注是做事成功的重要前提。因为专注，所以精力集中；因为精力集中，所以做事高效；因为做事高效，所以成功。"三心二意""三天打鱼，两天晒网"，今天想要做这个，明天想要做那个，一心用在多处，如何能做成事？又如何将事情做好？

生活中很多人之所以没有取得成功，只是因为做事不够专注，面对确定好的目标不能坚持不懈。在向着目标前进的途中，被身边各种事情吸引，轻易就抛弃了原先确定好的目标，转而想选择新的目标，在这样"见异思迁"的心态下，经常更换目标成了家常便饭，最终将会一事无成。而那些"忠心耿耿"，专注于一个目标的人，从不轻易改变自己的方向，从不轻易放弃自己的目标，努力前行，高效做事，最终成功攫取了胜利的果实。

之所以一个目标更容易实现，是因为一个目标使人更专注，不浪费时间，在有效的时间内做事效率更高。

实际上，很多人往往都是有很多目标的，但要想成功，只能选定最合适的一个目标，然后努力去实现。这就如同打猎，如果选定了一个猎物去追，就容易得手；如果一会儿追这个，一会儿又改变路线去追那个，最终极有可能两手空空。

不能在一个目标上坚持不懈的人通常会将宝贵的时间花费在实现很多目标上，而追逐的多变势必造成时间的浪费和事情的拖延。这样原来的目标就变成了拖延的牺牲品，失去了继续做下去的意义，真正成了可望而不可即的目标，名副其实的"美丽摆设"。

目标具有引领人生的作用，朝三暮四、朝令夕改只会让目标失去这种引领的作用和意义。"样样通，样样松"就是这种人的结果，最终也会与成功失之交臂。

一个爱好文艺的年轻人慕名前往本市一位著名学者那里请教。见到学者后，这个年轻人问："您能告诉我您都会什么吗？"学者没有回答这个问题，而是反问道："你都会什么？"年轻人回答道："我会很多。"学者又问道："你昨天都干了些什么？"

年轻人答道："上午我花了两个小时练习钢琴，又花了两个小时弹吉他。中午我练习打乒乓球，之后又花了两个小时看外语书，最后又花一个小时学习茶艺。"

学者笑了，意味深长地说道："你这一天很充实啊！"

年轻人一时没有明白过来，就问："您昨天都做什么事了？"

学者说道："我的一天很简单，上午用了四个小时的时间去读书。"

年轻人又追问："那下午呢？"

"下午，也在读书啊！"学者说道。

听了学者的话，年轻人似乎有些触动，半天没有说话。

学者见状，问道："你会那么多，那你的特长是什么呢？"

年轻人不知所措起来。过了好长时间，年轻人红着脸说："我答不上来，我好像没有擅长的东西。您呢，您能告诉我您的特长是什么吗？"

学者不慌不忙道："我呀，我的特长是读书做学问呀！"

看着学者意味深长的眼神，这个年轻人好像一下子明白了什么，他站起身来恭恭敬敬地向学者行了个礼。

事例中的年轻人之所以没有一项特长，样样通，样样松，是因为他做事不够专注。只有"专注"于一点，才能所向无不"利"，才能让自己"锐利"起来。

如何才能确定好目标并坚持不懈呢？这里面有怎样的学问呢？首先，要确定好目标，就要从众多的目标中选择一个最适合自己实际情况的目标。什么是最适合自己实际情况的目标呢？这需要具体情况具体分析，无论是从近期的状况考虑，还是从长期的发展角度考虑，确定的目标都应该是符合自己实际情况的。一定不能贪心，不能什么都想干，那样只会白白浪费时间和精力。

其次，为了让目标更切合实际情况，要学会根据情况，适当调整目标。虽然确定好的目标不能轻易更改，但不是说目标是死的，是一成不变的。任何目标在实施过程中，都会出现一些与实际相背离的情况，这时，就需要根据实际情况适当调整目标，使目标更接近现实生活。调整后的目标要更加科学，更加合理，更加准确。

在坚持不懈地实现目标这个问题上，强调不但要付出一定的努力，而且还需要一定的恒心和决心。努力是必需的，但恒心和决心同样不可少。因为目标的实现不是一蹴而就的，它需要一个过程。在实现目标的过程中，要保证无论遇到怎样的困难，经历怎样的磨难，都要不动摇，有决心、有信心坚持到底。这样才能迎来实现目标的那一天。

绝大多数成功者都是按照目标行动的人。在目标的指引下，他们知道自己要做什么，要到达哪里，每一步行动的真正目的是什么；与此同时，这样也能最大限度地提高办事效率，摆脱拖延的羁绊。因此，在有限的时间和精力下，我们一定要明确好自己的奋斗目标，并要坚持不懈地去实现它。

把握全局，培养战略眼光

生活中，只要你留意，就能经常看到这样一些人，他们整天都像风一样从这个地方到那个地方，表面上看起来，他们什么事都要做，即便在两件事的空当时间，他们也不休息，可是到头来却发现，他们似乎什么都没处理好，还是一堆烂摊子，陀螺般地转了半天还在原地没有动弹。一事无成不说，连最基本的生活也打理不好，事业没做成，家人没顾上，朋友也没怎么联系，连运动也很少做……其实他们和拖延者并无区别，因为他们一旦发现行动方向有误，就会陷入糟糕的情绪中而延误时间。细究起来，这些人之所以会忙得毫无头绪，就是因为他们什么都想抓住，只关注事情的"点"，而没有从全局的角度把控事情。

事实上，做事高效率的人都有战略性的眼光，在做事之前都会统观全局，进而做到游刃有余地进行工作，他们在找到行动的方向后都立即着手、决不拖延，进而能抢占市场先机。这是一个真实的故事：

尹先生在广州经营一家小公司，2008 年金融危机期间，很多大公司都倒闭了，然而，他的这家小公司却岿然不动，相反，业务量却骤增。这一点，让很多同行产生了巨大的疑问。

一次和朋友聚会时，席间一个同行谈到他们的业务主要在深圳和珠江三角洲一带，金融危机对企业的影响很大。

"您的公司如何？"

尹先生说："受到美国金融风暴的影响，海外订单确实减少了，不过因为国内的客户受金融风暴的影响小，反而通过网站为企业带来了稳定的订单。"

这个同行豁然开朗，要求看看尹先生所说的网站是什么样子。由于这家公司是生产连接件产品，该产品比较细小，他们便在网站上宣传时特别增加了产品放大镜功能，能帮助访问者更加详细地了解产品的细节。在使用恰当的推广方法后，网站为尹先生的公司带来了理想的业务量。

在人人自危的金融危机期间，尹先生的小公司为什么能岿然不动？这得益于他利用企业网站和网络营销，帮助自己的企业避免遭到金融风暴的影响。可以说，尹先生就是一个懂得在大形势下总揽全局的人，而且他的做法还能为其他企业指明新的发展道路。

可见，做任何一件事，我们都应该学会用战略的眼光看问题，树立战略观念，才能让我们从大处着眼，避免眉毛胡子一把抓和延误时间的问题。所谓战略就是指重大的带有全局性或决定性的谋略。战略观念的核心问题就是如何处理长远利益和眼前利益、局部利益和全局利益的关系。正确的战略观念来自实践，事物是不断发展的，所以战略观念离不开发展。战略观念和"因循守旧""不求进取"，是相互对立的。

总之，我们若想成为充分利用时间工作，不"瞎忙"的人，就要提高战略思维能力。同时，最重要的一点是，一旦我们的行动有了方向，就要产生立即去做的动力。

找到痛点，及时止痛

在做事时，我们常常提到效率一词。那么，什么是效率呢？所谓效率，是单位时间内完成的工作量。然而，衡量我们做事成绩的，并不是效率，而是效能，效能是效率、效果，效益是衡量效能的依据。也就是说，效能比效率要重要得多。我们不难想象，克服拖延症的目的也是提高效能。然而，我们经常看到的是，为了提高做事效率，人们会建立一套完备的时间管理体系，制订大量的工作目标、操作准则和行为标准，而事实上，我们的行为正是被这些所谓的规划约束了，工作效能也降低了。

海尔总裁张瑞敏曾说："我感觉在企业里最难的工作就是把复杂问题简化，如流程再造就是简化流程。但为什么做起来很难？关键是领导！领导只要看不到问题的本质，就简化不了流程，就事论事，会越办越复杂。"原通用电气董事长兼CEO杰克·韦尔奇先生曾经就管理问题提出一点："管理效率出自简单。"张瑞敏和杰克·韦尔奇先生的这两句话不仅适用于管理工作，更适用于人类的思考活动。

人们在学习和做事的过程中，只有做到化繁为简，摆脱传统思维的限制，才能一针见血地找到问题的关键。任何复杂的现象，复杂的只是表面，其实都有其一般性的规律，都可以找到简单的分析、处理方式。这就是化繁为简的过程，这个过程需要找寻规律，把握关键。你是不是曾经有过这样的做题经验：遇到一道数学题，你告诉自己一定要演算出来，当算出结果的一刹那，你发现，原来答案和题目之间只要进行一个简单的思维转换就可以了，而你在这道题上却花费了很长时间。试想一下，假如这是一道考试题，那你是不是浪费了很多时间呢？

因此，在生活中，你就要训练自己凡事从简单出发的习惯。在做题和做事时，多问问自己："还能简单点吗？"找到最简单的方法，做事的效能也就提高了。

然而，要把复杂的事情简单化绝非易事，需要我们进行一次彻底的心理革命，尤其是我们要调整自己看待问题的眼光，也就是一针见血地捕捉问题实质的能力，从而较快地寻找到时间管理的本质和规律，掌握化繁为简、以简驭繁的思想和技巧，深刻认识管理的核心要义。

具体来说，你需要做到：

1. 把握关键

这需要我们有发现规律的眼光，找到事物的本质，然后以战略的眼光去感知、把握和运用规律。只有这样，才能运筹帷幄。

2. 简约高效

真正高效、简单的运作才是有意义的，因此，你需要把复杂的问题简单化，在多种矛盾中驾驭主要矛盾，从而提高效率。

3. 简中求变

你必须学会不断创新，以适应激烈的职场竞争。

另外，我们还需要注意的是：化繁为简并不是说可以不注重基础与细节。

每个人在做事和学习时都应该养成孜孜不倦、一丝不苟的习惯，注重细节很重要。因此，我们这里说的思维上化繁为简并不是要你凡事投机取巧，而是应该摒除烦琐思维的限制而已。

可见，"简化管理"并不是"不"管理或"懒"管理，而是一种追求系统化、规范化、细节化、流程化的管理思维和实践，在复杂精细和简单实用之间找到一个有机的结合点，跳出"为管理而管理"的怪圈，实现由"高效率"到"高效能"的转变。

总之，聪明的人会在最短的时间内，在花费最少的精力的前提下解决问题，如果你也能训练出这样的思维，你就能少走很多冤枉路。

设置时限，把目标量化

量化目标，或者说将目标量化，有利于人生梦想的实现。虽然人生梦想往往看起来遥不可及，无法做到一蹴而就，但是如果将人生梦想这个大目标分拆成一个一个小目标，实现起来就容易多了。当一个一个小目标实现后，大目标看起来也就不再那么遥不可及了，实现起来也就不再是痴人说梦了。

相反，如果不将大的目标量化，目标就会太过遥远，实现起来就会渺茫。在实现目标的过程中，如果遇到挫折就很容易想到放弃，梦想将随之破灭。德国思想家歌德曾说："向着某一天最终要达到的那个目标迈步还不够，还要把每一个步骤看成目标，使它作为步骤而起作用。"

山田本一曾是一名名不见经传的田径选手。1984年，国际马拉松邀请赛在日本东京举行。在国外种子选手的耀眼光环下，代表日本参赛的选手山田本一是那么不起眼，但是赛事结果却让人大跌眼镜，山田本一奇迹般战胜了其他几位种子选手，夺得了大赛冠军。当被问及取得冠军的秘诀时，山田本一只说了一句话："以智慧战胜对手。"

这样的回答出乎人们的意料，因为在大多数人看来，马拉松比赛考验的是人的体力和意志力，要有足够好的身体素质，才有可能取得好成绩，与智慧好像无关。虽然山田本一的这句话让媒体和大众很迷茫，但山田本一却只说了这么多。

两年后，山田本一又一次代表日本参加了在意大利米兰举行的国际马拉松邀请赛。这一次，山田本一又一次力挫群雄，赢得了这次赛事的冠军。如果说第一次山田本一可能侥幸取得了第一，但第二次又取得了冠军，就不能再以侥幸来解释了。山田本一接受采访时，又以"以智慧战胜对手"解释了此次夺冠。虽然媒体多次追问，但山田本一依然没有多做解释。

多年以后，山田本一在自传中道出了自己取胜的秘诀，他是这样说的："在刚开始参加赛事训练时，我并不十分清楚该如何训练，一心只想使劲往前跑，目标就是前面40多公里外终点线上的那面旗帜。但是，我仅仅跑了十几公里后，就感觉非常疲惫，一想到目标还远在前方，我感觉身心更加疲惫，几乎支撑不下去了。后来我改变了策略，在比赛开始前，我先去看一看比赛的线路，找出沿途比较醒目的标志，并用心记下来……在比赛的时候，我先奋力往第一个标志跑去。在跑过这个目标后，我会再用力向第二个目标跑去。就这样，在40多公里的赛程上我一直保持较快的速度向下一个目标跑去，直至到达终点，胜利就这样到来了。"

看来，在实现远大目标的过程中，将目标量化是非常有必要的，它起着十分关键的作用。

除了需要将目标量化外，还需要给目标设定一个实现的期限。如果不给目标设定一个实现的期限，那么目标就可能被拖延下去，甚至可能永远无法得以实现，那样目标就永远成了目标。

张梦是西南财经大学的高才生，学的是会计专业。大三的时候她想考注册会计师证。注册会计师在就业方面非常吃香，相对应地，注册会计师考试也非常不容易通过，需要考的内容不但涉及面广，而且难度大。张梦买来了一大堆资料，准备开始学习。可是大三的课程很紧张，还要准备写年度论文，好不容易有一些空闲时间，她又觉得不能这样亏待自己，该休息就休息，于是又和同学去逛逛商场，参加一些聚会。就这样，大三很快就过去了。

大四的时间更宝贵了，既要准备写毕业论文，又要实习，还要想毕业后找工作的事。因此张梦觉得自己更忙了，偶尔有一些空闲时间，她又懒得去翻那些厚厚的资料，就把考注册会计师的事推到了毕业后。

毕业后找工作的事被提上了日程，张梦很幸运地被一家大型证券公司选中。她在这家公司工作了四年，积累了丰富的经验。四年后，这家证券公司的财务总监离职，张梦觉得自己有希望被提拔，可是公司的人事部门规定，这个职位必须由有注册会计师证的人来担任。

张梦的梦想破灭了。从她大三打算考注册会计师证时开始算起，到现在已经五年多了，其间虽然时间有些紧，但也不是没有空闲时间，张梦总是给自己找借口，以至于将此事拖延到现在也没有实现。与她同期进入公司的另一个年轻人在这次岗位角逐中胜出，坐上了财务总监的位置。他告诉张梦，他也是在大三的时候有了考注册会计师证的打算，他给自己设定了四年内一定要考取的期限，一步步迈进，最终成功考取了注册会计师证。张梦却没给自己的目标设定期限，以致一拖再拖，最终原本可能实现的目标不了了之，梦想也就此破灭。

在没有时间限定的情况下，我们会轻易找到各种拖延的借口，如"反正没有时间限制，早一点、晚一点无所谓，我们还是出去转一转吧！""明天再做也不迟，晚一点完成而已。没有什么大不了的。"事情就这样被拖延了下去。

事实证明，当我们给目标设定一个合理的期限时，就有了检查自己进度的标准。在了解进度情况的基础上，结合实际情况适时对自己的奋斗方向做出正确的调整，目标就会越来越近，目标实现的概率也就会变大。

拖延是人的本能，如果给拖延一个滋养的空间，它就会很快萌芽，并快速成长。不将目标量化，不设定合理的实现期限，拖延也就找到了一个滋养的空间，会快速成长起来，然后将你拖进拖延的泥潭，你的梦想也就真的成了梦想。

分步完成大目标

目标的实现是一个循序渐进的过程，需要从现在到未来，从低级到高级，从小目标到大目标，逐层推进。如果已经制订好了长远目标，就要将这个长远目标量化，也就是将其拆分成各个合理的小目标，然后努力实现各个小目标，最终通过各个小目标的实现达到实现长远目标的目的。

目标的分解事关长远目标能否顺利实现，并非想象中的那么简单，这里面有很深的学问。人生梦想就是一个长远目标，要想实现它，也要将它逐层拆分，直到明确具体该做什么为止。大致是这样一个过程：首先将自己的梦想明确化，使之成为你的人生总体目标；然后将这个总体目标拆分成几个 5 年或者 10 年的长期目标；接着将这些 5 年或者 10 年的长期目标再分别拆分成若干个两三年或者三四年的中期目标；以此类推，直到将每个目标拆分到每周或者每日的目标，这样才算完成了拆分。

2008 年，朱明旭毕业于浙江大学管理学院，一毕业他就进入杭州市一家大型公司，成为这家大型公司的一名普通职员。朱明旭是一个很要强的人，刚进入公司，他就为自己设定了一个长远的目标——他要成为这家大型公司的总经理。

第四章 目标＋高效执行，能终止纠结

在这个目标的鼓舞下，朱明旭开始努力工作，每当疲惫不堪时，他就会拿出这个伟大的目标鼓励自己，让自己重新振作起来，继续投入到工作中去。时间一长，朱明旭发现一个问题，那就是公司的大部分员工都比自己入职时间长，有的员工入职已经五六年了，还只是一个普通职员。这让朱明旭感到有些灰心丧气，觉得自己的那个伟大目标没有了希望。慢慢地，他的工作激情开始减退，做事开始变得拖延起来。

一次偶然的机会，朱明旭幸运地读到了一篇关于将长远目标合理拆分的励志文章。他从文章中领悟到一个道理，那就是要将长远目标进行合理拆分才能让目标得以顺利实现。获悉了这一道理后，朱明旭精神大振，他将自己要当公司总经理的目标进行了拆分，变成了多个小目标，比如，一年内当上小组长，两年内成为部门主管，三年内成为公司副总，直至当上公司总经理。

从此以后，朱明旭工作热情更加高涨，做事更加卖力，积极解决问题，与同事和谐相处，上级领导将这一切看在了眼里。半年时间过去了，朱明旭如愿当上了所在小组的小组长。朱明旭一如既往地勤奋工作，以一种高昂的积极向上的情绪面对工作。很快，他又被提拔为部门经理，而且比他预想的时间还要提前。

就这样，朱明旭一步步从一名普通职员坐上了公司总经理的宝座，最后成为这个公司最年轻的总经理，他最初的伟大目标如愿以偿地实现了。

朱明旭的成功得益于他将长期目标进行了合理拆分，在成功实现了一个个小目标后，不急不躁，继续稳步前进，最终各个小目标累积成了大目标，成功就是这样一步步赢取来的。

将长期目标拆分要讲究一定的方式、方法。常见的拆分目标的方法有两种：一种是"多杈树法"，另一种是"剥洋葱法"。这两种分解方法都比较形象。

从字面上理解，"多杈树法"是类似树干、树枝、叶子的分类法，可以这样理解：一棵枝叶繁茂的大树，高大的树干是人生大目标，它上面分散四周的大树枝代表次一级的小目标，大树枝上的小树枝代表更次一级的小目标，而树枝上的叶子则为最基本的小目标，是现在需要去做的切实的事务。

大目标是由小目标组成的，它们之间存在着逐层递进的逻辑关系，大目标实现的前提是实现小目标。只有将小目标实现了，才有实现大目标的可能；反之，如果没有实现小目标，就想实现大目标则是不可能的。

在明确了大、小目标的逻辑关系后，可以将自己的人生大目标画成一个树干的形状，然后找出实现这个人生大目标的必要条件和充分条件，以枝干的形式将它们画在树干上，作为大目标的次一级小目标。接着找出实现次一级目标的必要条件和充分条件，再将它们以树干的第二级树枝的形式在第一级树枝上画出，这些小树枝就是再次一级的小目标。这样以此类推，直到目标不能拆分为止，最后画上树叶。至此人生目标这棵枝繁叶茂的大树就完成了。

为了验证这样的拆分是否具有实效性，可以采用倒推法，即从树叶开始往上推，树叶到小树枝，小树枝到大一些的树枝，再到更大一些的树枝，直到大树的树干，看是否有合理的逐层递进的逻辑关系。确定有逐层递进的逻辑关系后，再试问如果这些小目标都实现了，那么大目标能否实现。如果确认能实现小目标，大目标也就毫无疑问会实现，那就说明这个拆分成功了。如果不能得出这样的结论，则说明有遗漏的次级目标。这样的话，应该继续补充被遗漏的树枝，也就是次级目标，直到大、小目标合理的逐层递进的逻辑关系清晰地体现出来才算成功。

同"多杈树法"类似，"剥洋葱法"也是逐层将大目标分解的方法。整个洋葱代表最大的目标，一层层的洋葱片代表一级级的小目标。从外面剥起，里面一层比外面一层小些，代表一层一层逐级分解，直到把看似难以实现的大目标分解成具体的事务为止。具体到什么程度呢？具体到现在应该干什么、明天应该干什么，才算分解完成。

目标具体化了，就可以马上着手实现梦想了。先从最切实可行的具体任务开始做起，一步一步从小到大逐层实现目标，最终实现人生梦想这个长远目标。

行动比计划更重要

经常会有人问：是什么拉开了普通人和成功者的距离？

学历？洛克菲勒这位石油大亨，高中还没有读完就辍学了。

智商？美国前总统小布什，智商不过 90 多一点。

环境？亚洲富豪李嘉诚完全是白手起家。

学历、智商、环境等，都不是决定性因素，真正重要的因素在于，当脑子里有了想法之后，是否采取了行动！不管你的计划多周密、目标多高远，若不付诸行动，一切都是水中月、镜中花。

一个华北地区的商人，做生意发了家后又向银行贷了一大笔款，毅然去了华盛顿，希望能将生意做得更大。他在自己租下的那间豪华寓所里招待了一位老友，滔滔不绝地讲述他的生意经和未来的理想。

他的畅想很美好："我来美国之前，已经在大连的仓库里存了一批货；在我总公司那边，也有一批花色品种齐全的商品；我准备把中国鲜花运到美国，占领市场，让美国人见识一下中国的花卉；我抵押了在上海的几套房子，贷款所得全部投入在美国的新生意；我还打算在这里开一家证券公司，赚上一大笔钱，然后就等着享清福了。"

朋友听后，惊讶地问道："这些想法听上去都不错，你有具体的计划吗？有可行性报告和相关的步骤吗？"

商人似乎并未听进朋友的话，他接着说："你知道吗？高级工艺品在中国很有市场，我想把印度的手工艺品带到中国，再把景德镇瓷器带到欧洲……只要让钱转起来，不管经济形势怎么变，我都有钱可赚。"说这话时，商人的眼睛散发着光芒，好像他憧憬的一切已经成为现实摆在眼前。

朋友不再回应，他深知：如果梦想没有切实可行的计划，无法付诸行动，那么说得再有诱惑力，情绪再激昂，除了给房间的空气造成一些波动外，没有任何意义。

很多人都渴望在学业和事业上有所发展，实现自我价值，提高生活的质量。为此，不少人也做了精心的计划，每一个目标、每一个步骤都列得很清晰，只是三五年过去后，还是在原地踏步，那些计划一直被搁置着，没有任何进展，或是收获甚微。

究其原因，正是缺乏行动力！美好的结果，无疑都是从行动中获得的，好的计划必得像敲钉子一样落实，才能出成效。执行是最基本、最本质的东西，没有切实可行的实践，再好的想法也是一只空瘪的麻袋，只会软软地待在地上。

大家肯定都了解一些物理常识：在一个标准大气压下，当水杯加热到100℃时才会沸腾，产生蕴藏巨大能量的水蒸气；如果加热到99℃，水只是滚烫，但不会沸腾，必须再加热1℃，才能产生强大的蒸汽能源。

对，只要1℃，水就能够从液体变成气体，产生质的改变，爆发出巨大的力量。这说明什么呢？如果成功是100%的话，前面的所有准备——美好的蓝图、宏伟的目标、制订的计划、心理准备、技能学习、能力储备、金钱预算都是99%，而最后的1%就是行动。缺少最后的行动，前面的所有都是镜中花、水中月，没有行动的准备是没有意义的。

某次成功学的讲座上，教授对学员说："想赚钱的请举手！"学员们都举起了手。

教授又说："想成为顶尖级人物的举手！"这回，大部分人不再举手了。

教授笑了笑，接着问："你们想成功想了多久？"

学员们异口同声地说："想了一辈子！"

"为什么还没有实现呢？"教授问。

"就是想想而已。"有人回答。

"这就是你们没有成功的原因。心里有想法却不行动，不去做，怎么可能成功呢？"

没有行动，一切想法都是空谈。人生的理想和事业，只有架构在行动之上，才会变得有意义。拖延是失败的源头，行动才是成功的开始，世间的任何机会都是留给有准备的人的，这个准备不是停下来计划，而是不断地实践，用行动来给自己搭建阶梯。

把"待办事项"看成"必办事项"

关于今天，理想主义者说："昨天是今天，明天是今天，今天是今天，后天也是今天，未来的每一个日子，都是今天的延续，每个人的一生都是由'现在'堆积而成的，没有现在也就没有过去和将来。过去的自己虽然成为现在的自己，但是，却不一定可以持续到未来。"这段话强调了"今天"的重要性。

《羊皮卷》里有这样一句话：我应该活着，就像今天是最后一天那样地活着，把每一天都当成最后一天，立刻做必须做的事情，不再拖拖拉拉。过去再也回不去，明天也不能到来。我们能够把握的，唯有现在。

著名的"红色男爵"曼弗雷德·冯·里希特霍芬在第一次世界大战中是德国最好的战斗机飞行员。他是一个时代的英雄，代表着一个时代的理想。里希特霍芬原来只是个骑兵，在1914年第一次世界大战全面爆发之后，里希特霍芬希望在新兴的航空领域挑战自我，就想不当骑兵了，去开飞机："我为什么不去开飞机呢？"

里希特霍芬没有想想就完事，而是在有了这样的想法后，就去申请当飞行员了。他改行的经历起初很失败。在训练中他摔了好几架飞机，上级差点开除他这个自以为会开飞机的骑兵。但里希特霍芬从来没有怀疑过自己，他想到了就去做，从不瞻前顾后。每次伤愈后，他就登上另一架飞机开始训练，直至掌握了全部飞行技巧。

注重行动的人通常不会把他们的计划拿出来与别人反复讨论，除非遇到了见识和能力都比他们强的人。他们也不会在徘徊、观望中浪费时间，他们要做的就是行动。行动，再行动，把"待办事项"变成"必办事项"是他们最擅长的事。

造船厂通常有一种机器，能够把一些破烂的钢铁毫不费力地压成坚固的钢板。善于行动的人就像这种轧钢机，办事雷厉风行，只要下决心去做，不管前面有多复杂、有多困难，他们都会毫不犹豫地行动起来，在行动中解决所遇到的问题。

杨铭是葛云新认识的一个朋友，在葛云眼中，杨铭就是一个做事雷厉风行的人。葛云想开一个经销土特产的网店。在和杨铭聊过之后，杨铭认为他认识的一个互联网公司创始人有这方面的经验，在征得了葛云同意后，杨铭马上帮葛云约定了见面的时间。他拨通了电话，向对方说明意愿，询问日程安排，并把电话交给葛云，让双方确认。

杨铭知道葛云没有多少互联网营销知识，他向葛云推荐了几篇有关互联网营销的好文章。葛云表示有兴趣阅读，杨铭马上让助理把这些文章打印出来。在葛云离开杨铭办公室时，文章已经打印并装订好送到他面前了。

拖延是行动的死敌，也是成功的死敌。拖延会使所有的美好理想变成幻想。拖延会使我们失去"今天"，而永远生活在对"明天"的等待之中。

在这些注重行动的人的人生信条里从来没有"待办事项"，只有"必办事项"。当你把自己的思维模式从"待办"变成"必办"时，你也会变得目标明确、行动专注了，同时你的决策也会变得容易且有效，而且你为那些重要的事情创造了时间。

莎士比亚说过："我们要做的事，应该一想到就去做。因为人的想法是会变化的，有多少舌头、多少手、多少意外，就会有多少犹豫、多少迟延。"

实际上，的确如此，拖延往往是因为还没开始，一旦开始了行动，你会发现自己变得积极起来，而不再畏难、哀叹。

第四章　目标＋高效执行，能终止纠结

摆脱犹豫，决定了就去做

决策是行动的前提，没有决策就没有行动。在管理学中，决策是指为了实现特定的目标，根据客观的可能性，在占有一定信息和经验的基础上，借助一定的工具、技巧和方法，对影响目标实现的诸多因素进行分析、计算和判断择优后，对未来行动做出决定。

生活中，我们处处面临决策，比如这件工作我们是做还是不做？是按照 A 方案进行，还是按照 B 方案进行？这个计划是继续执行下去，还是停止下来？需要我们做决策的地方真是太多了。

不得不说，工作和生活中的那些拖延者，有很大一部分是因为缺乏主见、被别人左右行为而导致拖延时间、浪费生命。他们太容易被周围人的闲言碎语所动摇，太容易瞻前顾后，患得患失，以至于给外来的力量左右他们的机会，似乎谁都可以在他们思想的天平上加点砝码，随时都有人可以使他们改变，结果弄得别人都是对的，自己却没有主意。不得不承认，任何一个富人的成功，都有他们自己的秘诀，但最重要的秘诀之一就是，他们从不放过一丝机会，当机会来临时，他们会想尽办法抓住。

做好决策很关键，它可以避免一些突发情况带来的不良影响。很多事情，实际上在开始做之前，我们已经制订了目标和设想了美好的结局，但是往往由于缺乏个人决策力，致使工作中出现多种问题，这个时候我们往往不会继续坚定不移地将工作进行下去，而是会把手头的工作停止下来，或者拖延一段时间再做，而最终结果也很难像预想中的那样美好。

林建岳是香港一位赫赫有名的企业家。在他宽敞的办公室里，奖杯、奖状陈列了很多，充分显示出主人不凡的经历和各种奖项在其心目中的位置。的确是这样，做了三年香港足球队领队的林建岳，该得的奖杯全都捧到了手，甚至人们想不到的他也做到了。

昔日纵横捭阖的"球经"令他在商场上长袖善舞。他经营的丽新集团曾经以"迅雷不及掩耳"的不还价策略，高价买入纽约戏院的地盘而声名大振。后来，他又相继购入了纽约戏院对面的钻石酒家旧址等多处地盘。三年后，该黄金地段的地价早已翻了很多倍，为林建岳带来了滚滚财源，并使他有实力连出重拳，令市场瞩目。不久前，林氏集团又投资亚洲电视，成为股东……林氏集团在社会上的知名度大增。在回顾自己的历程时，林建岳说："纽约戏院的地皮不会有第二块，电视台也不会时时都有的买，必须把握这只有一次的机会。"

既然是决策，就是决定性的、不可轻易更改的，就算可能会出现失误，但也总比凡事拿不定主意、瞻前顾后来得更好。可见，我们在行动时，对世俗复杂的环境能避开的就避开，不要轻信别人的胡言乱语。人要有自己的主见。我们还要有坚定的信念，因为只有我们自己才能使我们离开成功的道路。

鉴于决策能力对行动和目标有重大影响，所以有必要将提高决策能力作为一项重大任务提到重要地位，下面三点是有效提高决策能力的措施，不妨参考一下。

1. 树立全局观念

决策者应具有全局观，要能在一个较高的层面上考虑终极目标和整体计划，应该能结合工作实际，对工作的发展方向、实施要领、完成节奏有清晰的认识。

有全局观的好处是显而易见的，它可以让人远离迷茫，即使处于短暂的困境中，也能够知道下一步应该做什么，怎样做才更有利于结果。如果缺少全局观的指引，就犹如失去了指路明灯，只能摸索着前进，遇到事情再想办法解决，处于一种被动的状态中，费时、费力将是不可避免的，而且还会大大降低事情的成功概率。

2. 锻炼自己的思维

思维是大脑活动的产物，高明的决策往往来自活跃的思维。如何让自己的思维活跃并条理清晰，这就需要我们注重锻炼自己的思维。要养成多思考、多观察的习惯，注重营养，保持适当休息，积极从事户外活动等。

3. 注重塑造做事果断的性格

高明的决策能力就是做事果断的表现。平时要注重做事不瞻前顾后，不畏首畏尾，果断处理事情。做到了这一点，必然会有助于提高决策能力。

第五章

『完美』是一种美丽的陷阱

追求完美也需要付出代价

　　生活和工作中，我们发现，有这样一些人，他们努力上进、积极学习、工作认真，但在竞争中似乎总是处于下风，那些能力不如他们的人都得到回报了，他们却总是原地踏步，这是为什么呢？其实在排除一些外在因素的情况下，可以做下自我反省，是否已经陷入了完美主义的泥沼？那么，完美主义者有哪些表现呢？

　　不知你是否有过这样的感受：购物的时候，对那些打折或促销的产品不屑一顾，认为它们必定有着瑕疵；在长辈的催婚下，不得不去相亲，然而，你总是能挑出相亲对象的各种"毛病"，认为你的完美爱人始终未出现；当你着手准备做某件事前，总感觉计划不周密，于是，为了完善计划，你迟迟未动手；在接受了上司交代的任务时，你发现上司的方案有不尽如人意的地方，为此，你花费了大量的时间去求证，最终也延误了完成任务的时间；对于工作中那些看起来十分轻松的人，你嗤之以鼻，认为这是不负责任的表现……

　　如果你也有这样的表现，那么，很有可能你是一个完美主义者。对于完美主义者而言，他们着眼于细枝末节的事，认为要做好一件事，必须考虑到每一个因素，然而，这个世界上本就不存在绝对的完美。完美只是乌托邦式美好的愿望而已。现实生活中，我们在做一件事时，完成远比完美更重要。举个简单的例子，领导交代给我们任务，他们要看到的只是工作成果而已，他们要的并不是完美无瑕的艺术品，如果我们一味地考虑其中可能出现的漏洞而不去实现的话，那么，领导就看不到你的努力。并且，绝对完美的事是不存在的。任何一个高效率的工作者，都会秉持"八分原则"，也就是允许二分的瑕疵存在。

如果我们细心地观察，就会发现，我们周围那些忙碌、不拖延的人，也多半是机动灵活的，他们总是能以80分就可以的态度完成十分艰难的工作。而完美主义者，因为总是将精力过多地放到细小问题上，要么拖延不动手，要么放缓了行动的速度。要知道，我们若想在这个高压的现代社会更快乐、轻松地工作，就应该摒弃完美主义。

可见，凡事都有个度，追求完美到了一定的程度就变成了吹毛求疵。如果不达到想象中的彻底完美誓不罢休，那就是在和自己较劲了，长此以往，不但会让我们养成拖延的坏习惯，还会让我们的心里有解不开的疙瘩，我们自己也会渐渐承受不了这种越来越沉重的负担。

其实，我们在工作中何尝不是如此呢？无关紧要的瑕疵并不会影响我们的表现，也不会给别人留下不好的印象，所以又何必如此固执呢？完美主义者不仅对待工作吹毛求疵，对待生活也是如此。他们不但苛求自己，还苛求他人。

有这样一个笑话：一个人来到一家婚姻介绍所，进了大门后，迎面又见两扇小门，一扇写着：美丽的。另一扇写着：

不太美丽的。这个人推开"美丽"的门，迎面又是两扇门，一扇写着"年轻的"，另一扇写着"不太年轻的"。他推开"年轻的"的门——这样一路走下去，男人先后推开九道门，当他来到最后一道门时，门上写着一行字：您追求得过于完美了，到天上去找吧。

笑话当然是笑话，但是说明了一个道理：真正十全十美的人是找不到的，我们不要过分追求完美。

的确，无论是工作还是生活中的烦恼，多是因为过分追求完美而产生的。如果我们苛求自己或别人把每一件事都做得完美无缺，那么我们将会失去很多东西。这个世上本来就没有完美的东西，如果一味地追求完美，最后得到的反而是不美。

总之，人生是没有完美可言的，完美只是在理想中存在，我们的工作和生活中总是有令人不满意的地方。事实上，追求完美的人是盲目的。"完美"是什么？是完全的美好。这可能吗？"凡事无绝对"，哪里来的"完全"？更不要提"完美"了。既然没有"完美"，那又为什么要去寻找它呢？

完成也许比完美更好

我们总强调，做任何事，都必须认真。认真是做好一件事的前提，如果对什么事情都敷衍了事，马马虎虎，草草收兵，必然什么事都做不好。精益求精、追求完美，这是一种进步的表现。如果人们都懒懒散散、满足于现状，那我们将会止步不前。因此，可以说，追求完美的心态让我们不断获得进步，它对我们的能力、知识、经验等方面都大有益处。我们可以发现，在任何一家企业，他们都强调员工一定要严格要求自己，在工作时都要带着一丝不苟的态度。然而，凡事都有个度，追求完美到了一定的程度就变成了吹毛求疵。而且，从做事效率的角度看，一个人把精力过多地放到细枝末节上，必将会耗费时间，长此以往，就会变得行动缓慢。

一位富翁家财万贯，他希望自己的一切都是最好的。

有一天，他的喉咙发炎了。按理说，这不过是个小病而已，找个普通大夫就能看好。可是，富翁求好心切，非要找天底下最好的大夫来给自己诊治。

他花费了大量的金钱，走遍了各地寻找名医。每到一个地方，都有人告诉他这里有名医，可他认为其他地方一定还更好的医生，就拖着没有治疗，继续寻找。

直到有一天，他路过一个偏僻的小村庄时，突然感到喉咙疼痛难忍。此时，他的扁桃体已经化脓，病情十分严重，必须马上开刀，否则性命难保。可这里没有一个医生，这个富翁就因为扁桃体炎一命呜呼了！

看完故事，你是不是联想到了什么？我们是强调做事要注重细节，但凡事有度，过犹不及。完美主义的拖延者，就像故事中的这个富翁，习惯走极端，对待任何事情都吹毛求疵。其实，对一个无关紧要的瑕疵，有什么必要那么固执呢？

第五章 「完美」是一种美丽的陷阱

茱莉亚·卡梅隆说过："完美主义其实是导致你止步不前的障碍。它是一个怪圈——一个强迫你在所写所画所做的细节里不能自拔，丧失全局观念又使人精疲力竭的封闭式系统。"

一棵大树，最主要的部分不是它的枝枝杈杈，而是它的主干，很难想象，没有主干的大树，如何能枝繁叶茂？一栋大厦，先要将其建成，使它存在于世界上，而后才能对它进行各种装饰，在灯光闪烁中感受它的美丽与壮观。

生活中的任何事物都是如此，必须先有关键的主体方向，而后再强调细节。比如，你正在进行一个活动策划，策划的方案、主题都还未构思好，你却想着如何布置场景，该采购什么小礼品，虽然这都是日后必须做的事，但就现在而言，这些工夫就是白费的。没有一个主题，如何定风格？没有风格和定位，如何知道购买什么样的装饰品？

细节不是不该重视，而是应该在全局确定的基础上去完善它。忽略整体而一味追求细节，只会让自己已经基本接近完成的事情功亏一篑。比如，一些无关紧要的事情，你非要将它和主要的工作同等对待，花费一样的时间，这就是舍大求小了。时间是宝贵的财富，在不必要的细节上浪费宝贵的时间，就好像花重金买了一个没有用的廉价物品。

有心理学家分析说：完美主义者特别在意别人的评价和反应，强烈期望社会的认同，强烈抵触消极的评价。为了不遭人非议，他们对自己很苛刻，要求自己必须把一件事做得漂亮、无可挑剔。所以，他们的压力比常人大得多，背负着重压来做事，内心肯定像是热锅上的蚂蚁，焦急难受。为了让自己舒服点，他们就可能会选择逃避，表现出更多的拖延行为。

太注重细节，会给自己造成一定的压力和精神负担。有些事情明明已经做得很好了，但是你还要让它达到完美，在追求完美的过程中，你会在潜意识里觉得"我很没用""我不行""这么简单的事情都做不好"，等等。自卑如泉涌般喷出，慢慢地，自信就在消磨中逐渐丧失，人也变得慵懒而拖沓，提不起精神来。

细节固然重要，但全局意识更重要，拖延的人往往都是过分强调细节，忽略了时间和效率。做一件事时，总要在完成的基础上，再去修正和完善；总得先有轮廓和框架，再谈具体的内容。千万不要因为某种形式上的完美主义倾向而导致最后的拖延，却还不停地找理由说："多给我一点时间，我能做得更好，我也真的想把它做得更好。"这样的理由在结果面前毫无意义。

完美有时只是一场骗局

完美固然好，每个人都极其渴望，但是凡事不可能尽善尽美，正如威尔逊所说："一个跷跷板上，一头是神，一头是兽，人则站在中间；人一半是神，一半是兽，不偏不倚，跷跷板才能平衡。如果人背叛了自己，不管是偏向于神，还是偏向于兽，结果都会让跷跷板倾覆。"因此，真正的完美是不可能实现的，现实和理想总会有偏差。

渔夫从大海里捞到了一颗晶莹剔透的珍珠，喜爱不已。美中不足的是，珍珠的上面有个小黑点，渔夫心想，若是能把这个小黑点去掉，岂不是更完美了？可是，渔夫去掉了一层之后，发现黑点还在，于是他又去掉了一层。就这样，他一层层地去到最后，黑点没有了，可珍珠也不复存在了。

白璧微瑕，美得自然，美得朴实，美得真切。只可惜，渔夫一心想的是美到极致。为了消除那一点瑕疵和不足，他失去了罕见而可贵的珍珠，那朴实无华、不掺虚假的美，也随之殆尽了。完美就是美吗？未必。美的价值往往在于它的完整，而不是没有丝毫残缺。

拥有完美臆想的人为了让别人同时更是为了给自己看自己有多优秀，他们常常异想天开，喜欢尝试一些自己不可能做到的事情。通常，他们将自己幻想成一个与众不同的人，一个拥有大智慧、大才能的人，为此他们将目标定得非常高，脱离了现实。这样，当现实与幻想相冲突的时候，幻想被现实击得粉碎，为此他们颇受打击，挫败感、失落感一股脑儿地向他们袭来。而为了排解，他们便开始了拖延，以拖延来逃避失败。

研究美国戒酒互助协会的第一人科兹曾经写过一篇文章，名为《人不能背叛自己》。

他在文章中提到，以前酒徒们戒酒难于上青天，不管是吃药还是心理咨询，或是求助宗教，都无法让他们彻底告别酒精。然而，戒酒互助协会却创造了奇迹，不用药物，不用心理咨询，不通过宗教，只是让酒徒们聚会，讲自己的故事，听别人的故事，就让他们重获了新生。

酒徒们在聚会上，经常会说这样两句话：

"我是一个酒鬼，我不完美，我承认自己对酒精毫无办法，我很无能、很无助，我需要帮助。"

"你不完美，我不完美，他不完美，我们每个人都不完美，不过没关系，真的没关系。"

戒酒互助协会就是用这样的办法，让很多酒徒告别了酒精。它的独特之处，就是让酒徒们承认自己的不完美，放弃头脑中那个虚幻的自我，重获心灵上的自由。可以想象得到，如果酒徒们一直幻想着自己是完美的，过分强调"我不能喝酒""我太没出息"，那么往往就会破罐子破摔，认为自己没办法改变，无限拖延戒酒的行动。可当他们承认了自己是一个不完美的人，允许自己有短处，知道不一定能做到最好，但会尽力去做的时候，反而变得轻松了，也更容易做到。

执着地追求完美，愿意为之不断付出努力的人被称为"完美主义者"。心理学家将完美主义者分为两种：一种是适应型完美主义者，一种是适应不良型完美主义者。完美是适应型完美主义者的至高要求，也是他们自尊的基础。他们往往对自己要求很高，同时深信自己有能力实现自己设想的完美。为了实现这份完美，他们会付出相应的努力。其结果往往是功夫不负有心人，他们所追求的完美在很大程度上会得到实现。

但是适应不良型完美主义者的结局却不一样。与适应型完美主义者不同，适应不良型完美主义者对自己的要求不高，却对自己表现的期待很高，这显然是一种不可调和的矛盾。这样也注定了他们失败的命运。当心中的美好理想破灭以后，他们常常陷入不停的自责当中，消沉也接踵而来。

现实社会生活中，这种适应不良型完美主义者处处皆是：销售能力和综合素质很差的销售员期望在短时间内成为整个区域的销售冠军，一个在班级成绩很差、考试总在后几名的学生想在一个月内成为全年级第一名，一个短跑成绩总不理想的运动员想在极短的时间内赶超最快的选手……这些人的愿望是美好的，但是这些愿望太不切合实际。过于好高骛远反而会成为他们前进的阻碍。

在制订目标的时候，不妨先问问自己：是想真正取得进步，还是想让自己陷入挫败和沮丧之中。如果完美太过遥远以至于根本无法实现，并成为自己前进的障碍，那么拖延也就成了一只阻碍自己前进和成功的拦路虎。

完美主义者要打破内心完美的迷梦，时刻看到自己的不足，承认世界的不完美，只有这样才能促使自己不断进步。

坚持错误才是最大的错误

生活中，当我们做一件事，身心俱疲、想要放弃的时候，常被身边的人这样鼓励："坚持，不要放弃。"然而，我们自己是否思考过，坚持真的就会胜利吗？通常来说，完美主义者会选择坚持，因为他们认为已经付出了努力，就不能放弃。事实上，有时候，当我们碰得头破血流的时候，我们才发现，原来自己一直在走一条错误的道路，回过头来看，我们已经浪费了太多的精力和时间。

因此，我们在努力奋斗、勤奋学习乃至为梦想付出的过程中，也不能太过盲目，而应该思索自己的方向是否正确。如果你发现离梦想越来越远，那么，你就要果断放弃，因为放弃有时候是为了更深层面上的进取。

错误的坚持是不可取的，在人生的旅途中经常会遇到许多岔路，与其盲目前行，不如在适当的时候停下来想一想，什么才是自己需要的，什么能使自己更快地走向成功。选择是人生成功道路上的必备路标，只有量力而行的明智选择，才会拥有辉煌的成功，那些错误的坚持是要不得的。

其实，生活中的我们也应该想一想，我们是否心怀执念而让自己钻入了死胡同，是不是一直在做一件错的事或选择了错误的方向，是不是一直在浪费时间。坚持多一点就变成了执着，执着再多一点就变成了固执。人应该执着，但不应该错误地坚持一种想法，有时候，你可能没意识到你坚持的想法是虚妄的。因此，我们应当学会及时放下，找到新的出路，重新审视自己的生活。

李维斯是家喻户晓的"牛仔大王"，在他年轻的时候，他也曾投入西部淘金的热潮中。

一天，去西部的一行人，突然被一条大河挡住了前方的路。

大家苦等数日，一直没有出现船只，接下来，要过河的人越来越多。李维斯看到这种情形，脑海中产生了一个摆渡的好点子。就这样，李维斯挖到了人生的第一桶金。

当然，随着时间的流逝，摆渡的生意越来越清淡。再后来，李维斯又发现了一个赚钱之道——卖水。因为来西部淘金的人很多，然而，西部却很干旱。就这样，他又赚到了一大笔钱。再接下来，与他抢生意的人越来越多。

终于有一天，一个身材强壮的人对他威胁道："小伙子，以后你别来卖水了，从明天早上开始，这儿卖水的生意归我了。"他原以为这人只是在开玩笑，没想到，第二天，对方看到他还在卖水，便二话不说对他一顿暴打，最后还将他的水车也拆烂了。

就这样，李维斯不得不无奈地接受现实。然而就在他心灰意冷时，脑海中却又闪现出了另外一个想法，并且他做到了——把那些废弃的帐篷收集起来，洗干净后，缝制成衣服，一定会有人愿意买。就这样，他缝成了世界上第一条牛仔裤。从此，他一发不可收拾，最终成为举世闻名的"牛仔大王"。李维斯为什么能最终成为"牛仔大王"？那是因为他有变通的思维，在原来赚取财富的路已经行不通的时候，他能果断地放弃，并不断地寻找新的机遇。

然而，在我们所受的教育里，强者是不轻易言败的。所以，我们常常会被一些满怀激情的词语所激励，如不屈不挠、坚定不移、坚持到底、永不言败等。是的，我们的人生需要砥砺。但是，如果是一个站在了死胡同里却还是要坚持走到底的人，那么他并不会成为英雄，他的不认输，只会让他更快地毁灭自己。

的确，几乎每一个人都渴望成功的降临，但事实上很少有人能预期获得成功。有的人盲目行事，心中有了什么好的想法就马上开始实施，不等待，不忍耐，也不经过仔细思考，最终面临惨烈的失败。其实，要想获得成功就必须有周详的谋划，深思熟虑，经过一番斟酌，并经过一段时间的准备之后再行动，而一旦发现目标是错误的，就应该立即放弃，并调整新的方向，只有这样，才能最终获得成功。当然，在追求成功的过程中，有时候，我们需要放弃的不仅仅是目标和方向，还有让我们感到疲惫的压力。因为只有放弃压力，及时获得新的能量，我们才能继续上路。

再完美也不要忘记取长补短

我们在做事的时候，必须承认自己的不完美，告诉自己没有什么所谓的最好，只能做到更好。保持这种心态做事才会让自己充满活力，高效工作，并且保持愉快的心情；反之，如果做事缺乏这种心态，执意追求完美，定会因遭遇挫折而沉浸在痛苦的折磨中，久而久之，人就会变得萎靡不振，失去了工作激情，做事拖拖拉拉，懒于处理生活和工作上的一切事情。

从心理学上看，追求完美是人的本性，他们想将事情做到最好，并且相信自己能够将事情做到最好。这种迷梦让他们痴心不已，乐此不疲，也往往使他们觉得事情不够好，还可以更好，尽管事情做到那一步已经很好了，但是他们不断地完善所做的事情，力求进一步提高。这样一来势必将本该完成的事情拖延了下来。

追求完美如果超过了底线，就会变成激进和拖延的混合体。激进会让人失去理智，变得疯狂，忘记完美和现实是存在一定差距的，更忘记了绝对的完美是不存在的。拖延是过度追求完美的必然结果。

当完美主义者发现因过度追求完美造成宝贵的时光白白浪费，而且事情也被无情地拖延时，其懊悔、痛苦要远远超过他们接受不完美这一现实时的痛苦，这是为什么呢？

原因在于生命是有限的，人可以高效做事的时光也就几十年。如果因执意追求完美而导致一切努力和宝贵的时间付之东流，那么这份痛苦可想而知。但是如果理智地接受不完美的事实，那么痛苦只是一时的，不但不会造成大的损害，而且在接受自己不完美的事实之后，会更加理智地行动，取得成功的概率会大增。两者相比较，显然更容易接受后者。

因过度追求完美造成的拖延实在令人扼腕叹息。生命承载不了太多的拖延，无限期的拖延等于自毁生命。接受自己的不完美，接受世界的不完美，放弃这份不该存在的执着，让正确的做事心态引导更加理智的行动，定会提高效率，节省时间，将更多精力投放在有意义的事情上面，从而做出更多、更大的成就，这等于在延长人的生命，生命也会因此焕发光彩。

一直以来，吴迪就对数学很感兴趣，从上高中以来，其数学成绩一直稳居年级第一，无论是课本上的习题，还是学习资料上的习题，几乎没有能难住他的。正因为他如此无敌，老师和同学们都高看他一眼，特别是数学老师对他更是青睐有加。

虽然吴迪在数学方面独领风骚，但是其他科目却有些不尽如人意，英语更是他的弱项，为此，英语老师数次提醒他，并多次对他予以关照，希望他能重视英语，提高英语成绩。对此，吴迪似乎理解得有些偏差，老师的关照在他眼中成了炫耀的资本。

"我的数学成绩这样好，其他科目不好也无所谓，这足以看出我的聪明才智了。"吴迪内心很是得意。虽然他没有向别人显露自己的得意，但是通过他扬扬自得的神情，很多人也都洞悉了他的内心。

为了让自己稳居数学冠军的宝座，吴迪将更多的时间和精力用在研究数学上，他做习题，看名师讲座。他越是研究，越是痴迷；越是痴迷，花在数学上面的时间越多。吴迪的这种行为客观上让他更加忽视了其他学科，其他学科的成绩越来越差，吴迪对此却毫不关心。

高三的学习终于到了一个总检验的时刻——高考。高考中，吴迪的数学天分发挥得淋漓尽致，以接近满分的成绩稳居全省数学学科的冠军之位，但是令人遗憾的是，其他学科他考得一塌糊涂，其中英语成绩最差，只考了50多分。最终吴迪的总成绩没有达到大学最低录取分数线，无奈名落孙山，榜上无名。

直到这时，吴迪才明白自己犯了一个致命的错误，意识到自己失去了继续学习的机会。在巨大的打击下，心灰意冷的吴迪选择了退出。步入社会的他，很快做起了小生意，似乎忘记了那个曾经带给他美好感受的数学梦。

吴迪无疑是悲哀的，他的悲哀来自他过于执着地追求完美，忽略了同样重要的其他事物，如果他不过于追求在数学上的完美，不因此拖延，而是将时间多花在自己的弱势科目上，极有可能他的求学梦不会过早夭折。如果通过了高考的关卡，那么他有可能在数学的追求上更上一层楼，美梦可能已经实现。

最大的错是怕犯错而不去做

心理学家理查德·比瑞博士认为，一个人害怕失败，很可能是因为有着一套他们自己的思考假设，并且这些思考非常容易绝对化。

某大型企业的一个销售代表，虽然入职才两年多，可显赫的业绩足以让他傲视曾经一起进入公司的同事。他在公司里总是一副自信满满的样子，做事一丝不苟，再难缠的客户他也有耐心应对。眼看着业绩和奖金屡增不减，周围的人都认为，他极有可能被提升为销售部主任。

顺利的职场生涯，并未给这个年轻的销售代表带来多大的鼓舞，尽管表面看来，他洋溢着自信，可他内心深处从来没有真正满意过。从大学时代起他就如此，不管做什么事都要殚精竭虑、未雨绸缪，竭力避免错误和失败。

按理说，人思虑周全是好事，做足准备是为了让自己没有遗憾，正所谓不求尽善尽美，但求尽心尽力。不过凡事有度，过犹不及。他对成功和完美的追求，实则是对失败的担心和对不完美的恐惧，他拼命努力的动机纯粹是为了减少错误，避免失败。

他从来不接受别人的鼓励，因为他把所有的精力都放在自己做不好和做不到的地方，总想着如何弥补这一点。在他心里，自己做好那是理所当然的，做不好却是不能被原谅的。可是，谁敢保证自己的事业会一直平步青云，没有摔跟头的时候？

终于有一次，他因为交通意外而迟到，遭到了某重要客户的指责，他再三解释，对方还是不依不饶，最终双方没能谈妥那笔生意。公司里公认的"金牌销售"没能维护好客户关系，丢了一大笔生意，这个消息很快传遍了公司。一向自傲而追求完美的他，灰心丧气，觉得自己很无能，竟然犯了如此"低级"的错误，他自责不已。

那一个月里，他整个人郁郁寡欢，平常给客户打电话都很热情的他，说话却变得有气无力，做事一点斗志也没有。他时常回想起自己和客户见面那天发生的情景，想着想着就烦躁不已，恨不得时光倒流，重新来过，让他把所有处理得不够完美的地方都修补一下，改变现在的结果。

当局者迷，旁观者清。他纠缠在搜寻缺陷和"全有或者全无"的思维里，无异于自掘陷阱。在他看来，一生中都顺利而不摔跤是完全有可能的（当然也是值得期待的）；所有失败都是可以避免的，避免失败是他能力范围内的事。

一位终日消沉的历史学家曾说："如果我不坚持完美主义，那我只是一个平庸的人，谁愿意空活百岁而碌碌无为呢？"在他心里，坚持完美主义是自己为取得成功必须付出的代价，他相信实现完美是自己达到理想高度的唯一途径。然而，实际的情况又如何呢？他太害怕犯错，太害怕失败，这种恐惧感让他在做事时如履薄冰，工作效率比其他同事差远了。反倒是那些抱着一颗平常心看待错误的人，在自己的领域里做出了不少成就。

顾城有一首诗是这样写的："你不愿种花，你说我不愿看它一点点凋落。是的，为了避免结束，你避免了一切开始。"

不得不说，这是一种消极的完美主义。一旦这种信念蔓延开来，整个人会觉得无力、无望，甚至是无用，最后停止一切尝试。追求完美也许会让一个人获得成功，但能够获得成功并非是对完美的苛求。

其实，错了就错了，是人就会犯错误，知错能改，善莫大焉，有什么大不了的呢？有谁的人生是直线式的呢？哈佛教授沙哈尔在其"幸福课"中反复重申着这样一个观点，"give ourselves the permission to be human"，直译过来便是：允许自己成为人。这里的"人"是指会有七情六欲，生活会起起伏伏的人。

沙哈尔教授也曾是一个完美主义者，一直期望着能够从起点 A 直接通往终点 B 的生活。可事情不总是如此完美，当他经历了一段漫长的煎熬的岁月后，他开始调整自己，力求成为一个追求极致，但允许自己失败的人，并深刻地认识到，曲线式的人生才是常态。

西班牙著名作家塞万提斯说过："对于过去不幸的记忆，构成了新的不幸。"

对过去的失误或失败，有机会补救，那就尽力补救；没有余地挽回，那就坚决把它抛到一边，重新找寻新的方向。不要觉得失败一次，整个人生就失败，更不要因此停滞不前。很多拖延和无为，并不是源于环境和境遇，而是我们钻了牛角尖，舍本逐末。

追求完美还是追求无悔

完美是一种理想状态，可以无限接近但永远达不到。尽善尽美也就是完美，同样是看着美好，却永远无法达到。

时间有多宝贵，自不用赘言，它不会因你追求完美而为你多停留一会儿，当然也不会克扣你一些。流逝的时间永远都不会再回来，而努力追求的完美却注定是一场空，因此，为追求完美而浪费精力和时间的行为自然是愚蠢的。

时间像一条不断向前流淌的小溪，每时每刻都在前行，世间还没有任何一种力量可以阻挡它的前行。为了避免拖延恶习的滋生，同时保证将事情做好，我们要秉持一种不求尽善尽美，但求尽心尽力的做事心态。

丁丹从师范院校毕业后，被招聘进入本市一家公立小学当教师。她非常高兴，因为她的愿望就是当一名教师。入职一段时间后，丁丹原先兴奋的心情退去了，一些烦恼却占据心头。怎么回事呢？原来，丁丹一登上讲台，面对台下那些天真无邪的面孔，她就十分紧张，原来已经背得很熟的讲课内容被忘得一干二净。

本以为这种情况是由于刚做老师太紧张造成的，但过了一段时间，丁丹发现这种状况虽然有些改观，但还是没有从根本上改变。丁丹觉得自己真是太没用了，都过了这么长时间了，还是没有从这种糟糕的状态中摆脱出来，她为此变得很忧郁。

令她稍感欣慰的是，她任课班级的学生们对她充满信心，每当她忘了讲课内容时，他们就会伸出一双双小手为她鼓掌，给她鼓励。看着这群可爱的孩子，丁丹决定一定要攻克难关，履行好教师的职责。

为了达到这一目的，丁丹几乎将自己所有的时间都用在了备课上。她力争把课件做完美，以便给孩子们带来一节节别开生面的课。讲课忘词的情况终于得到了好转，而且一天好过一天。丁丹没有满足，继续努力，希望早一天达到完美。但是由于她将时间和精力都放在了备课上，却忽视了批改学生作业。学生交上来的作业经常被拖了好长时间还没有批改。

看着还没批改的作业，丁丹心里难受极了，她自认为是办公室里最勤奋的人，用在工作上的时间要远超过其他老师，但现实的情况是：别的老师既把课堂上的教学任务完成得很好，同时也及时把学生的作业批改好了，而自己在课堂上的教学没有达到完美，同时还耽误了批改学生的作业。一想到这些，丁丹心里越发难受了。

经过仔细思考，丁丹找到了自己身上存在的问题，她在保持已经取得的课堂教学成果的基础上继续改善不足的地方，也不再像以前那样一心只追求完美，她将剩下的时间用在了其他教学环节上。过了一段时间，丁丹终于取得了教学平衡，既让自己的课堂教学任务很好地完成，同时也兼顾了其他环节。

丁丹经过一番挫折洗礼，痛定思痛，积极努力，终于达到了一个相对完美的地步。这个事例是不求尽善尽美，但求尽心尽力的较好写照。尽善尽美是追求不到的，可望而不可即，但要向着这个方向努力，积极做事，不拖延，不敷衍，发现问题，解决问题，尽心尽力，最后总会达到一个相对完美的地步，而这也就是尽善尽美了。

为了避免误入追求尽善尽美的泥潭，我们要培养宽广的胸怀，学会宽容，接受自己的不足、不完美，保持一种只要尽

第五章 「完美」是一种美丽的陷阱

力就好的平和心态，不要逼着自己走入极端，否则只能自毁其路，自食其果。另外，还要善于利用别人的长处。合作共赢是现代和谐发展的主旋律，懂得合作的人才能取得成功，所以要在正视自己不足的情况下，欣赏别人的长处，并充分利用别人的长处，合作共赢，取得成功。

总之，一定要从实际出发，量力而行，努力向尽善尽美出发，做到尽心尽力，这样就能取得完美的结果。

第六章

做情绪的主人，而非奴隶

你是天生脾气不好吗

常言道："江山易改，本性难移。"说的是一个人再怎么努力都很难改变自己的本性，这句话让许多想改善脾气的朋友们心头一凉。那么一个人的脾气真的就改变不了吗？

所幸，事实并非如此。世界上不仅只有"积习难改"的情况，还有很多"痛改前非"的例子。人不是一成不变的，在特殊情况或特殊环境下，平常处于次要地位的性格因素可能会成为主要的人格因素。例如，一个唯唯诺诺的人在受到刺激的情况下，就可能变成脾气暴躁的人；再者，一个易怒者在有过特殊的经历或教训后，可能会变得温柔和善。

在漫画《灌篮高手》中，湘北高中篮球队的安西教练，是个人见人爱、和蔼可亲的胖大叔，被誉为"白发菩萨"。无论是被流川枫的疯狂追星族屡次地不小心推下楼梯，还是被樱木花道玩弄双下巴，又或是看到他的队员在比赛中溜号儿，他都不发脾气；他总是一脸平静，不时"哈哈哈"地憨笑，给大家留下了非常和善的印象。

事实上，之前的安西教练根本不是一个和蔼的教练，而是一个动不动就会对球员大喊的"魔鬼教练"。他的训练总是严酷而苛刻，他的球员甚至为了躲避他的魔鬼训练而逃到美国，最终客死他乡。这是安西教练人生中难以忘却的痛苦，正是这件事促使他从严酷的"魔鬼教练"变成了有修养的"白发菩萨"。

也许你会说这只是一个虚构的角色，但艺术源于生活，生活远比人们创造出来的艺术作品更为复杂。历史上也确实有许多人彻底改变了他们多年来的坏脾气。

美国石油大王约翰·洛克菲勒就差点被他的坏脾气给毁了。在他50岁之前，虽然他富可敌国，但代价是他几乎放弃了所有的休息和娱乐时间，并且常常陷入焦虑的状态。

有一次他要运输价值4万美元的货物，而这艘货船的航行路线必须经过五个湖。为了节省150美元的费用，洛克菲勒并没有给这批货物买保险。可正如墨菲定律所预示的那样，洛克菲勒害怕的事还是发生了，伊利湖上突然下起了暴雨，货物可能因此受损。

次日早上，合伙人盖勒来到公司，看到洛克菲勒急得像热锅上的蚂蚁，正在办公室里焦急地踱步，他见到盖勒马上说："你现在赶紧为那批货投保，如果不行，那可就完蛋了！"于是盖勒急忙跑到保险公司，去为那批货物买保险。

然而，当盖勒办理完保险回到办公室，却发现洛克菲勒的状态看起来比之前更糟。因为刚刚来了电报，电报上说货物已经被卸下，并没有受到风暴的影响。这本来是件值得庆幸的事；但是洛克菲勒，一个百万富翁，却为了在保险上所花费的区区150美元而心痛不已。为此他甚至沮丧到不能继续工作，不得不回家卧床休息，可见他的情绪调节能力是多么糟糕。

他的这种性格甚至损害了他的健康。根据为洛克菲勒写传记的作家约翰·文克乐记载，洛克菲勒饱受焦虑摧残，在53岁的时候，他的身体已经十分虚弱，甚至无法正常进餐，每天只能靠一点饼干和酸奶充饥，瘦得皮包骨头，活像个木乃伊。这时医生强迫洛克菲勒在金钱和生活之间做出选择，并为他制定了三条规则。第一条就是"不要担心任何事情"。

从那以后，洛克菲勒开始改变，并好好照顾自己的身体。他反思过去的种种行为，纠正了许多坏习惯，还投身慈善事业。最重要的是，他不再为一些小事情担心，也不会动辄就暴跳如雷，慢慢地从坏脾气变成好脾气。这一转变的最大好处是，洛克菲勒从死亡边缘挣扎了回来，比医生预计的寿命足足多活了45年。

这说明坏脾气并非完全没有转变余地，关键是你是否下定决心要改正；再则，虽然情感是天生的，但坏脾气却是后天养成的。

心理学家指出："任何行为都是情绪的结果，任何态度都是情感的衍生物。无论你是好脾气还是坏脾气，你都无法逃避情绪控制。"

情绪实际上反映了你与外部环境之间的关系。当你心爱的人离开，当你失去了宝贵的东西，这时候你便会感到失意；当别人不讲理，当你的正当利益被攫取，这时候你便会感到愤怒……这些负面情绪反映出你不同类型的痛苦。跟负面情绪一样，积极情绪也是如此；但它的产生同样受到外部环境的影响，反映出多种类型，反映出快乐、幸福等积极的感受。

从这个意义上说，虽然我们受先天的情绪支配；但我们也可以用理性的思维来调节情绪，关键是要改变对利益关系的理解。因为情感的本质是人对利益关系的理解。好心情是内心对幸福感做出的判断，坏情绪是对内在利益的判断。换言之，利益关系如果不发生变化，情绪就不会发生根本性的改变。

在生活中，我们经常遇到能够把愤怒转变成快乐的人。这种情绪变化的过程就是理解变化的过程。因此，好脾气是后天养成的良好习惯。

我们不能割断固有的情感机制，但可以通过学习和训练获得对传统行为规范的正确理解。脾气坏的人只能在狭窄的目光中看到利害关系，而脾气好的人则放宽视野去追寻更加美好的事物。安西教练和洛克菲勒从所有人都害怕的坏脾气变成人人都喜欢的好脾气，这是因为他们的世界观发生了根本性的变化，因而不再让消极情绪支配自己的理智和行为。

也许你天生是易怒的、焦虑的、悲观的，但只要下定决心按照正确的方式去重塑自己，就有希望克服性格的内在弱点，提高自己的情绪控制能力，改善自己的脾气。

不要让坏情绪踢了你的猫

不良情绪是很容易传染的。一旦一个人产生了不良情绪，就极有可能以很快的速度传递给亲近的人，从而让身边的人都感到压抑和不快。

在心理学上有一个著名的踢猫效应：某公司职员杰克被老板骂了一顿，很生气，回家就跟妻子吵了一架，妻子莫名其妙地被丈夫数落，正好儿子回家晚了，于是就打了儿子一个耳光，儿子捂着脸，看见自家的猫就狠狠地踢了它一脚。

一滴水落入湖中，会引起一圈圈的波澜。无数滴水落入湖中，各自引起的波澜就会激荡出波浪。人心好比是湖水，能时刻保持着情绪稳定的人，被称作是"心如止水"。但绝大部分人都达不到这个境界，很容易被周围人的情绪影响激起心中的波澜。

著名作家大仲马说："你要学会控制你的情绪，否则你的情绪便会控制你。"因为，情绪是可以互相感染的，尤其是坏情绪，它就像传染病一样，四处流窜，稍有不慎，就有可能被感染。对此，耶鲁大学组织行为教授巴萨德说："有四分之一的上班族会经常生气。"有的人之所以会生气，是因为受了身边人坏情绪的影响，这就是情绪的"传染"。对于那些流窜在我们身边的"坏情绪"要远离，千万不要惹火上身，被他人带"坏"，要知道，好情绪是需要自给自足的。

一位服装店的老板有一天心情很糟糕，因为半路上被一个交警开了罚单。他到达自己的服装店的时候，发现一个女店员正在偷懒，就大声地呵斥了她几句。过了一会儿，有个女医生来买裙子，让这个女店员去拿了好几次货。女店员因为被老板骂了一通，心情不好，就不耐烦地说道："你买不买啊，一条裙子还挑来挑去的？"

女医生本来热情高涨，被这个女店员说了一句后，顿时变得沮丧起来，就这样带着一肚子气去上班了，拉着脸给病人看病。刚好有一个病人问她："医生，我下个星期能不能不输液啊？我觉得自己好多了。"女医生怒气冲冲地说道："你是医生，还是我是医生？你什么都自己觉得，还要我这个医生干什么？"病人怏怏地走了。

碰巧，这个病人正是那个交警的妻子。她闷闷不乐地回到家里，自然会对家人施以脸色，说话的语气肯定不会太好，就会影响到整个家庭的和睦。家人走出家门，还会和其他人接触，于是形成了一个恶性循环，造成了情绪污染。

情绪的传染力是惊人的，一不留神就会传遍千里。一个每天阳光、快乐的人，可以让大家在不知不觉中感到轻松舒畅；一个成天发牢骚的人，会把周围人的心情都弄得很糟糕，如果把这两种截然相反的人放在一起，谁的情绪能量大，谁就能占据主导地位。但相对而言，负面情绪总是比正面情绪传播得更快，也更容易影响人们的心情。

美国洛杉矶大学医学院的心理学家加利·斯梅尔经过长时间的研究发现：一个人的敏感性和同情心越强，越容易感染上坏情绪，坏情绪的传染过程是在不知不觉间完成的。比如，在家庭中，丈夫的情绪低落，那么妻子就很容易出现情绪问题。关于坏情绪的传染，时间之短令人惊叹！美国密西根大学心理学教授詹姆斯·科因的研究证明，只要 20 分钟，一个人就可以受到他人低落情绪的传染。

现代医学研究发现，大多数人的疾病往往会从不良的情绪、失衡的心理中产生。良好的情绪会构成一种健康、轻松、愉悦的气氛，而坏情绪会造成紧张、敌意的气氛。在坏情绪的影响下，人际交往不但会出现问题，人还容易生病。因此，人们应该像重视环境污染一样，真正地把情绪污染重视起来。

在现实生活和工作中，我们很容易发现，类似的踢猫效应屡见不鲜。坏情绪在人际交往中扮演着非常恶劣的角色，有很多人在受到坏情绪传染后，并不能冷静地思考，也不会去分析自己为什么会受到别人的斥责，总觉得心里很不舒服，于是就会下意识地去寻找替罪羊发泄心中的怨气。受到了别人的指责，心情不好是可以理解的，但是我们不能把这种不良情绪传递给别人，踢猫效应不仅于事无补，而且更容易激发其他矛盾。

上面那个故事就是一个最典型的情绪传染的例子。那么，如何才能防止情绪传染呢？我们要加强自己品格和心性的修养，多一些理性，克服自己情绪化的弱点。

卓越的人无论是顺境还是逆境中都会坚定自己的意志，不让他人的负面情绪扰乱自己的脚步。但大部分人还达不到这个境界。当周围的人都欢欣鼓舞时，自己就精神振奋、干劲十足；当周围的人都垂头丧气、牢骚不断时，自己也被感染成了怨天尤人的坏脾气。尽管我们都知道情绪太容易受影响不是件好事，但还是很难成功阻挡他人的"情绪病毒"传染。盲从他人的情绪比盲从他人的意见更加隐蔽。我们的喜怒哀乐不光与自己有关，也常与身边的人有关。特别是那些关心朋友的热心肠者，很容易感知到别人的负面情绪，也很容易因为过于操心他人的烦恼，而在不知不觉中让自己的心情也跟着沉重起来。众所周知，水能洗干净世间万物，但由此付出的代价是自己变成了充满杂质的脏水。而热心肠的朋友，其生活轨迹也和洗涤万物的水差不多。

要提高自己对负面情绪的"免疫力"，避免被负面情绪感染。尽量远离消极的人，可以有计划地避开那些有严重消极情绪的人，如改变自身的行为习惯。无法远离时，就要学会与消极的人相处。如果消极的人是自己的同事，与他相处时就要尽量避开敏感话题，敏锐觉察同事的情绪，必要时制定对策，以免让同事产生消极情绪。

做个有主见的人，培养乐观积极的心态。有主见的人往往不易受他人的情绪传染。要想从根本上避免受不良情绪传染，还要培养乐观积极的心态。心态积极的人能有效而准确地处理外界信息。此外，还可以用言语进行积极的自我暗示，提高保护自身情绪方面的意识。如不理会流言蜚语，不知所措时暂时逃离，坚信自己有能力应付各种难题，等等。

自己的情绪自己做主，别被他人的情绪左右。提升自身对他人不良情绪的免疫能力，让自己每天都处于积极情绪的包围中。同时，也不要做个喜怒无常的人，让自己的心理状态完全被情绪左右，那样伤害的不只是别人，自己也会因此失去更多机会。

第六章　做情绪的主人，而非奴隶

患得患失，只是焦虑在作祟

有时候，人生就像是在做游戏任务，突破了这一关才能进入下一关。很多人卡在某一关徘徊不前，可能是由于实力不足，也可能是因为过于患得患失。

犹豫不决的人往往寝食难安。尚未解决的问题就像石头一样装在他们心里，迟迟不能落地。这类人很容易犯头痛病，因为焦虑情绪加速了他们的脑力消耗，又令其始终把精神浪费在左右为难上。越是患得患失，就越难做出决断；越是下不了决心，就越是患得患失。

这种过度焦虑带来的精神压力，不仅会影响我们的健康状况，还会让我们错失一些机会，使我们在事后更加懊悔不已。无论在哪个行业、做什么工作，患得患失的迟疑心态都会给人们带来极大的麻烦。

从根本上说，患得患失的症结来自于焦虑情绪压制住了理智。虽然焦虑不像愤怒那么急促暴烈；但同样会让人陷入情绪失控的状态，无法对事情做出冷静的判断与果断的取舍。

有些爱焦虑的人性格比较暴躁，被大家认为是典型的坏脾气，他们在语言与行动上的不耐烦，都是在把焦虑情绪转嫁给他人；而患得患失的人，表面上看起来脾气不大，但实际上已经在不知不觉中屈服于自己心中的焦虑情绪。

他们害怕失败，所以试图找出一切可能导致失败的不利因素。这在无形中给自己施加了更多的心理压力。唯有事情滴水不漏地被圆满解决时，患得患失的人才能暂时稍感安心，但很快又会找到下一个焦虑的源头。

他们常常为早就结束的事情而烦恼，后悔自己当初不够果断。可是面对正在发生的事情，他们照样会因为焦虑而患得患失。不愿承受失败，唯恐控制不住局面，所以患得患失的人总是三思而后行，然后再摇摆不定。夸大客观事实是他们的拿手好戏。如果发生了某个并不影响大局的小插曲，患得患失的人就会马上加深焦虑。因为这会让他们感到自己失去了对事情的掌控。尽管他们也知道不可能事事完美，但就是控制不住那股想否定自己的负面情绪。

在旁人看来，许多患得患失的行为简直不可理喻。该怎样做决定，无非遵循两条原则：一是两利相权取其重，二是两害相权取其轻。道理虽然简单，但做起来却不那么容易。那些因为患得患失而情绪失控的人并非不懂这些道理，真正困扰他们的是不能确定自己的认识是否合理。

法国经院哲学家布利丹讲过一则哲学寓言：有一头聪明的驴子，站在两堆同样数量与质地的稻草中间，它由于无法判断到底哪一堆稻草更好，所以迟疑不决直至活活饿死。因此，那些优柔寡断的人也被称为"布利丹驴"。人们在决策过程中患得患失、举棋不定的现象，被称为"布利丹效应"。

大卫斯商业学院创办人柏莱克曾经说过："人们所担心

的事情，99% 不会发生，既然如此，那为不会发生的事情而整天忧虑不是很愚蠢吗？"所以说，我们完全没有必要让自己活在无谓的焦虑中。通常来说，优柔寡断的人一开始看起来没什么坏脾气，这只是因为他们受到的压力还没达到峰值，还能勉强克制自己不主动把焦虑情绪施加给他人（但旁人还是会感受到他们的焦躁不安）。随着时间的推移，他们会因为过度焦虑而做出越来越多的错误决策。害怕挫败却招致更多挫败，这种恶性循环又反过来加深了他们本来就不容易排解的焦虑。于是，焦虑感不断累积，心情越来越糟糕，终有一天他们会完全失去耐心与信心，养成怨天尤人、动辄泄愤的坏脾气。

所以说，如果你想保持好脾气的话，就要努力改掉患得患失的毛病。其中的关键就是不要焦虑过度，要用更轻松坦然的态度来处理问题；不然的话，强烈的紧张感会让你头痛不已，内心备受焦虑煎熬，从而导致情绪失控。

1. 回忆一件让你犹豫不决的事情。

2. 想一想自己当时患得患失的原因。

3. 回想一下自己有没有因为举棋不定而对别人发脾气。

4. 分析一下最后促使你做决定的因素是什么。

不苛求自己，会更容易接受自身缺点

也许是因为儒家思想的影响太深，我们总是不免带有几分圣人情结。就算不按照圣贤教诲把自己培养成新时代的"圣贤"，在评判他人时也总会下意识地往"高大全""伟光正"的路子上套。比如，评判一位军事家或体育明星，喜欢先用"终生无败绩"之类的苛刻标准淘汰绝大多数人；然后，再不断放大其性格中的闪光点，而忽视其性格的缺陷。为尊者讳，为圣人隐，自古以来都是如此。

这种热衷于塑造圣人的完美主义心态，很容易让人变得十分苛刻。

比如，普通人犯某个错误，大家觉得理所应当；但伟人、名人犯了同样的错误时，不少人就会对此横挑鼻子竖挑眼，甚至忍不住进一步把对方贬低得一文不值。先把人家抬上神坛，又把人家打落神坛再踩一脚，这种做法叫"捧杀"，是一种很糟糕的习惯。

与此同时，不少朋友在潜意识里想打造一个完美无缺的自己。他们对自己高标准、严要求，力求把事情做得漂亮，把人际关系处理得八面玲珑，极力塑造一个世人眼中的成功者形象。然而，其中一部分人也因此过于在意维护自己的"完美形象"，反倒走上了刚愎自用的极端。

我国著名军旅作家乔良将军说过："有性格缺陷的人，并不一定就没有人格魅力。事实上，很多有性格缺陷的人，常常有意无意地通过张扬自己性格优势的一面，让自己这一面光芒四射，去补偿或遮掩自己的性格缺陷。这样的将领在名将榜上并不少见，并且恰恰因其个性突出而常常让同代人甚至后世充满兴趣。"

不仅名将如此，普通人也是如此。大家都有自己的性格优势与缺陷，只是明显不明显、严重不严重的区别。有的人惕厉自省，会不断纠正身上的大小毛病，从而更接近理想的自己，他们往往也正是大家眼中的"才德俱佳的完人"；有的人则是通过张扬自身性格优势的魅力来补偿缺陷，尽管大家都很清楚他们身上有哪些令人难以忍受的缺陷，却又对这种黑白分明的鲜明个性感到着迷。

我们可以通过不断改正自己的缺点，发扬自己的长处，克制自己的脾气，做一个虽然有缺点但优点更突出的人。我们其实并不需要担心自己的不完美。如果为了追求完美，为自己的缺点而烦恼自卑，不如尽力去做我们自己擅长的事，努力弥补改正自己的缺点。当有人嘲笑你的缺点时，你可以骄傲地告诉他们："虽然我不是一个完美的人，但我是一个不断超越自我的奋斗者。"

1. 不以"完人"的要求苛求他人。

2. 不以"完人"的要求逼迫自己。

3. 记他人之大德，而忘他人之小怨。

4. 不要过于纠结自己的错误，要知过能改。

5. 学会为自己的每一点进步鼓掌。

不回避心中的恐惧，才能战胜它

人人都会产生恐惧情绪，但对危机感知的着眼点不同。那么你对自己感到恐惧的人或事物的了解有多深呢？

第一种情况是对恐惧的事物没有深入了解；但既然很多人都害怕，肯定有值得恐惧的地方。这类人对某些人或事物的恐惧，更多的是一种从众行为。老子说："人之所畏，不可不畏。"这就是他们的逻辑。比如，有些人害怕一辈子形单影只，就急匆匆地相亲结婚，也不考虑自己喜不喜欢，有没有条件结婚；另一些人则恰恰相反，看了太多离婚的案例，听了太多婚姻失败的"过来人"的"忠告"，对婚姻产生了深深的恐惧，明明也渴望爱情，却干脆宣布独身主义。这些不同的行为，往往是被周围人的恐惧情绪传染所致。也许他们本来不害怕某些东西；但在被周围的人反复"洗脑"后，也不假思索地心存恐惧。

第二种情况是因为了解细节，才觉得恐惧。这类人的恐惧是有理有据的恐惧。他们对相关的人或事物有着充分的认识，明白其危害性与威胁性，所以才会产生恐惧感。比如，医生会叮嘱患者某些注意事项，强调其严重性。因为他们很清楚人体的结构与功能，知道什么事情不注意就可能致命；但有些患者总觉得医生是夸大其词，故意吓唬人。因为他们不懂医学知识，也不像医生见过那么多由于小疏忽而丧失生命的案例，所以缺乏足够的危机感。假如身边有血淋淋的教训，他们就会真正感到害怕。

第三种情况正是由于未知才会导致恐惧，如果了解了就没必要恐惧了。这类人的恐惧，也是一种人类的本能。尽管轻重程度不同，但所有的人都会对未知事物有一定的畏惧感。因为未知事物不在我们的控制范围之内，只有在确认它们不足以造成威胁时，我们才不会害怕。

其实，我们对世界的了解非常有限，只熟悉身边与自己有关的人或事物；对于其他的东西，更多是靠社会舆论形成的某种"标签"来辨识。比如，古代中原人曾经认为南方是不适合人类居住的瘴疠之地，凭空想象出各种并不存在的害人之物。

这种以讹传讹导致的恐惧不难被破解，只要亲自确认之后就可以恢复淡定了。比如，北宋大文豪苏东坡被贬岭南时也曾担心自己会英年早逝，结果真到岭南之后，他的关注点很快变成了搜集各种北方没有的新食材……

无论人们对某些人或事物是否真正了解，都可能产生恐惧情绪。通过对比不难发现，第二种恐惧才是符合客观实际的正常情绪；第一种恐惧与第三种恐惧都属于反应过度，夸大了客观上的危险性，自己给自己凭空制造了多余的心理压力。

严格说来，这三种恐惧在每个人身上都有。只不过，不同的人由于思维方式与经验的差异，某种类型的恐惧多一些，另两种恐惧少一些。那些遇事沉着淡定的人，并非毫无畏惧。他们与别人的主要区别在于，他们基本上只有第二种恐惧，而不会轻易害怕尚未亲自验证过危险程度的事物。

有趣的是，人们常以"虎胆"来形容勇敢的英雄，但百兽之王其实很谨小慎微。在《黔之驴》的典故中，贵州的老虎对从未见过的驴子高度警惕，以为这种高大的外来生物很凶猛，经过反复试探对方的实力后，才消除恐惧，痛下杀手；没见过老虎的驴子则有些不知天高地厚，以为老虎真的好欺负。尽管双方对彼此来说都是未知生物，但谨慎的老虎吃不准对方的实力时更容易产生恐惧感；而大大咧咧的驴子则会高估自己的力量，从而对危险缺乏敏感度。

有时候，胜负往往就在一念之间，谁的恐惧情绪更多，谁就会与胜利失之交臂。由此可见，有很多恐惧并非来自于客观事实，而是消极的自我心理暗示施加过多的结果。换言之，就是情绪失控给人制造的幻觉。

对于那些危险性明确的事物，我们应该心存畏惧、保持警惕，但没必要过度恐惧，只要不疏忽大意即可；对于那些不熟悉的事物，我们应当持谨慎而开明的态度。在没有认真了解前，不要轻易听信他人的一面之词，从而盲目排斥、盲目恐慌，那样只会让你自乱阵脚，错过很多潜在的机遇。

1. 想一想自己平时最恐惧的东西。

2. 列出对此恐惧的理由，越具体越好。

3. 认真思考这些恐惧的理由是出于真正的了解，还是出于无知。

4. 查阅那些实际上不了解却又恐惧的东西的信息。

5. 根据搜集到的信息，把从前不熟悉的恐惧对象区分为"必须小心"与"没必要恐惧"两类。

你越怕，"它"越欺负你

失败永远比成功更容易。怎样最快地获得成功是全世界最复杂的难题之一，答案永远处于摸索阶段；但对于怎样迅速失败这个课题，每个人都有着丰富的经验，都是专家级水准。只要把自己曾经出现过的失败教训重复一遍，失败很快就会找上门来。相对于其他因素，由恐惧导致的精神崩溃最容易让人走向失败。

恐惧不仅会剥夺一个人的斗志，还会让人丧失理智，不能正确地判断形势，无法做出合理的决定。

事实上，没有谁是天生的大无畏勇士。恐惧是人最基本的情绪之一。假如没有恐惧情绪，就像没有痛感神经一样，会让人无法控制自己的行为以远离危险。所以，真正值得害怕的不是我们生来就有的恐惧心理，而是自己吓唬自己的消极心理暗示。这不仅会让你进入情绪失控的状态，变得歇斯底里、六神无主，还会让你的智商下降到令人无语的水平。

有"钝刀"之称的中国围棋高手钱宇平，曾经与聂卫平、马晓春等国手齐名。他的能力很强，却有个很致命的弱点——患有"青春期精神综合征"，容易情绪激动，心理素质较差。

1991年，年仅二十四岁的钱宇平战胜了众多日本超一流棋手，打进了富士通杯世界围棋锦标赛的决赛。遗憾的是，他在出征比赛的前一夜以身体不好为由，向中国围棋队总教练聂卫平表示要放弃决赛。第二天，媒体宣布钱宇平因病弃权决赛，日本棋手赵治勋不战而胜，得了冠军。

还有一次，他与某位日本高手对局，战得难解难分。由于开局失误，钱宇平一直处于被动状态；但对局室里的中国围棋棋手们发现，日方棋手犯了个严重的错误，可以说是败局已定。正当大家准备庆祝即将到手的胜利时，突然听到了钱宇平认输的消息。事后，钱宇平对自己与胜利失之交臂懊悔不已；而更令他痛苦的是，就在他推枰认负时，日方棋手正在考虑要不要主动认输，结果被钱宇平突然认输的举动吓了一跳。

最终，被时人寄予厚望的钱宇平早早地退出了棋坛，给围棋界与广大棋迷留下了许多遗憾。

说起来，才华横溢的钱宇平当时在国家队以刻苦用功出名，经常废寝忘食地研究棋谱，有"打谱机"的绰号。按理说，出色的天赋与超乎常人的努力结合在一起，应该能浇灌出一棵参天大树。奈何钱宇平的心理素质太差，在关键时刻常常情绪失控，被自己的恐惧给吓倒了。打个比方说，他的对手战斗力是一百，加上身心状态等因素可以发挥出七十的水平；钱宇平的战斗力是一百二十，但脆弱的心理素质导致他只能发挥出六十的水平。这样一来，双方交手的结果自然是钱宇平失败。

由此可见，恐惧心理最耗费我们的能量，会把本来离成功只有一步的你变成一个令人大跌眼镜的失败者。

所以说，凡事既怕毫无畏惧之心，也怕自己吓傻自己。惊弓之鸟不能高飞，惊恐之人不能决胜。想要把握好这个分寸，就要竭尽所能地养成镇定、冷静的作风。

1. 写下让你最近感到恐惧的几件事。

2. 按照负面影响大小与是否急需解决来分类。

3. 想想自己对这些事情感到恐惧的直接原因是什么。

4. 向周围的人确认一下，自己是否真的没有能力解决这些事。

5. 最后想一想，当具备哪些条件时，你就可以摆脱对这些事的恐惧。

做生活的魔术师：不让负面情绪过夜

有的人在高枕无忧、什么都不缺的优越环境下，照样会绷着一张脸；有的人则在困顿潦倒时依然能保持微笑。从某种意义上说，那些能将万种委屈一笑了之的人，不仅是自身情绪的优秀管理者，也是调剂众人生活的高手。

美国名将艾森豪威尔是个性格宽厚、豁达的人。出任盟军统帅的他，常常绞尽脑汁来协调美英两国多位名将之间的分歧与冲突。尽管过程十分曲折艰苦，但最终结果总能令大家满意。这便是艾森豪威尔的独到之处。

英国名将蒙哥马利的个性孤僻乖张，是盟军中有名的驴脾气将军；但他在给艾森豪威尔的亲笔信中说："我并不认为自己是一个温驯的部下。我喜欢我行我素；但在您的英明引导和宽厚、容忍面前，我愿意承认我的错误。"能让以傲慢自负著称的蒙哥马利心悦诚服，艾森豪威尔的情绪管理艺术不可谓不高。他最常用的武器就是"一笑了之"。

有一次，艾森豪威尔冒雨亲自到前线视察，并在阵前对官兵们发表了演讲。演讲完毕后，他正准备坐车离开。不料，突然脚下一滑，在大庭广众之下重重地跌了一跤。

官兵们忍不住笑了。那支部队的指挥官赶紧上前扶起这位盟军最高统帅。他为自己部下的无礼行为向艾森豪威尔郑重地道歉。谁知，艾森豪威尔故意附在那位部队指挥官的耳边，大声地喊道："没关系，我相信这一跤比刚才所讲的话更能鼓舞士气。"这句灵机一动的幽默话语让官兵们发出了更响亮的笑声，化解了尴尬的气氛。果然，这支部队士气大振，作战十分勇敢。

这并不是艾森豪威尔唯一将烦心事"一笑了之"的事例。

在艾森豪威尔的强烈要求下，反法西斯同盟的领导者们批准了他策划的"霸王行动"（即著名的诺曼底登陆）。被迫放弃原计划的英国时任首相丘吉尔甚至被艾森豪威尔逼得老泪纵横。这个颇有风险的出奇制胜计划给艾森豪威尔带来了很大的压力。在诺曼底登陆之初，敌军的抵抗十分激烈，美军官兵伤亡惨重。艾森豪威尔也因为战事不顺而变得脾气暴躁。

就在这时候，盟军野战医院的血库告急，号召人们踊跃献血。身为盟军最高统帅的艾森豪威尔马上为众人做出表率。他刚献完血准备离开时，一个伤兵认出了他。伤兵大声喊道："将军，我希望血管里能输进您的血！"艾森豪威尔听到这话，停下来笑着说："我也希望如此，只是希望你输血后，千万别染上我的坏脾气！"这句包含了自我批评的自嘲，让艾森豪威尔的人格魅力展露无遗。

面对尴尬场面，不气急败坏，而是轻松地一笑了之；面对他人的赞扬，不得意忘形，只是淡然地一笑了之。正是这种豁达的情绪管理艺术，让艾森豪威尔折服了一干脾气暴躁的名将。

将不快之事一笑了之，可以最大限度地拔出你心中的负能量毒素。你露出的笑容，不仅是嘴角往上翘，还是面部肌肉共同作用的结果。医学专家认为经常发笑有很多好处：笑能增加我们肺脏的呼吸量，笑能帮我们清洁呼吸道，笑能帮我们抒发健康的感情，笑能消除我们的紧张情绪，笑能让我们的肌肉变得放松，笑能帮我们消耗多余的精力，笑能驱散我们的愁闷心情，笑能缓解我们的精神压力。

所以说，如果想保持生理与心理的健康，想让自己的眼睛看起来更加炯炯有神，就应该经常笑一笑。

在生活中有很多不顺心的事让人笑不出来。大家或报之以愤懑，或报之以焦虑，或报之以忧愁，总之就是情绪不好了，脾气涌上头了，这是常规的应对方法，效果并不是很好；但有些心态豁达的睿智人，以一笑了之的宽和态度来冷静处理，有时候却会收到奇效。

第二次世界大战时的美国海军太平洋舰队司令尼米兹几乎没什么明显的性格缺点。他对部下们非常亲切，部下们也愿意为他出生入死。类似下面的小故事在他的戎马生涯中屡见不鲜。

某一天，尼米兹的副官说了一件很有趣又很荒唐的事。"刚才卫兵报告说，'企业号'航母上的一名海军士兵执意要跑到太平洋战区司令部来向总司令（尼米兹）表示'敬意'。"副官只当成一个笑话，谁知尼米兹却认真地说："让他进来！"

那个海军士兵一见到尼米兹总司令竟然激动地放声大哭。他边哭边坦白说，他这样做是因为与战友们打赌说自己能见到总司令；而战友们都认为他肯定见不到，假如真能见到就输给他几百美元。所以，他横下心来碰碰运气，没想到总司令真的会接见自己。

如果换成其他的高级将领，首先不会让这个无名小卒进办公室，其次会对他荒唐的理由发脾气。尼米兹的第一反应却是一笑了之。

他安慰正感惶恐的海军士兵说："为了让你赢得这笔钱，还得有个证据才行。"于是，尼米兹让副官找来摄影师，与那个胆大包天的海军士兵合影留念，让他把这张照片拿回去作为证据。于是全军上下都对尼米兹将军敬佩有加。

人在遇到挫折与冲突时，很容易进入心理疲劳的状态，难以有效排解负面情绪，从而让负能量不断在心头堆积。心理

第六章 做情绪的主人，而非奴隶

疲劳的反面就是心情舒畅。想要做到这一点，就得学会对各种事都一笑了之，而不是用更紧张、更焦虑的态度来对待让你紧张、焦虑的事。

1.有人不小心冒犯你时，一笑了之，不做无谓的纠缠。

2.有人嘲笑你时，报之以大度的微笑，而不是反过来嘲笑对方。

3.再苦再累也要学会每天露出微笑，让自己放松下来。

4.无论一件事以怎样的情绪开头，最后都争取用一个微笑来结尾。

第七章

你一定不喜欢被嫉妒控制的样子

嫉妒之火，可以燎原

有的人在遇到比自己更优秀的人时，会产生羡慕之情，这是一种积极的情绪；有的人在遇到这种情况时，则会生出愤懑、不满之情，这就是妒忌。妒忌是意识到别人拥有自己所缺乏的优势时体验到的一种消极情绪，往往表现为自卑、羞愧、愤怒和怨恨，甚至会刺激人做出一些极端的事情。

杜克是一个作家，当编辑告诉他，他最新出版的那本书已经列入畅销书排行榜时，他并没有太激动。中午，他与编辑共进午餐时，编辑问他："我说，昨天电话里你好像一点都不激动啊！"

杜克抿了一口葡萄酒，对疑惑的编辑道："其实，我当时只是感到脑子里一片空白；但我似乎总是这样，不喜欢对好的事情流露出太多的情感。"

"什么意思？"

"我母亲曾经说过：'不要在清晨歌唱，否则你将在夜晚哭泣'；但我想，真正影响我的还是我的姐姐。"

"你姐姐怎么了？以前没听你说过。"

杜克用餐巾拭了拭嘴角，将自己完全放松在靠椅上。他眯起了眼睛，似乎沉浸在了往事中。

"你知道，我不是独生子，我有个大我 6 岁的姐姐，因为我母亲的缘故，我和姐姐的关系一直……怎么说呢……很难相处到一起。"

"你父母可能更喜欢男孩子吧。"

"对于姐姐来说，6年独生女的生活因为我的到来完全颠覆了。小时候我感觉自己是个王子，而我姐姐则被父母丢在一边不管。我曾经因为父亲送我一辆轿车而高兴得睡不着觉；可是第二天发现，轮胎全都被我姐姐扎破了，结果，她被父亲打了一顿。"

"你姐姐是出于妒忌才会这样吧。"

"虽然后来我姐姐很早就出嫁了，但我已经养成了在她面前不流露出任何快乐情绪的习惯。"

美国著名的人类学家乔治·福斯特指出："在全世界所有的文化中，任何出头鸟都会被一样地看待。"也就是说，任何人的成功都会引起周围人的妒忌。这种情绪的潜台词就是："如果你得到的多，我所得的自然就会少。"所以被妒忌的人就会有意弱化自己得到的好处，以避免引起别人的愤怒。

妒忌是典型的不良情绪。妒忌者对别人的每一次成功都感到痛苦——尽管有的时候这种成功实际上对自己并无损害。这种情绪比较多地会出现在竞争对手之间，比如诸葛亮"草船借箭"的成功，对周瑜非但无害，反而有益；"祭风"的成功，更对周瑜"火烧赤壁"起了决定性的作用。但是，这些都换不来周瑜对诸葛亮的喜爱、尊敬或钦佩，而总是激起他的仇视。这种痛苦心情使得妒忌者烦躁、忧愁、不安，从而影响到身心健康。妒忌者为了摆脱这种痛苦，就从心底里希望别人远离成功，对别人的失败幸灾乐祸。妒忌心特别严重的人甚至会不择手段地施行破坏，欲将被妒忌的人置于死地而后快。

另一种妒忌情绪则反映在男女感情问题上，英语 jealousy（妒忌）一词源于法语词 jalousie，原意是"百叶窗"。设想，街上有个男人在女友的窗前徘徊，因此怀疑女友在欺骗自己。看见有个男人走进那幢公寓，心里想："现在已是深夜，为什么她房间里的灯还亮着？是不是在等那个男人？"接着，看见有个影子在窗口晃了一下，又会想："那是谁？是不是那个男人进去了？他们在干什么？"接着，看见女友来到窗前，朝下面的人行道匆匆看了一眼，便"哗"的一声拉下了百叶窗。顿时，那扇窗变得黑洞洞的，什么也看不见了。百叶窗后面究竟在发生什么，只能去想象了；但不管他怎么想象，有一点是肯定的，心里有一种说不出的难受滋味。

玛蒂尔达和丈夫菲勒蒙在家里吃晚饭，他们住在南非黑人聚居区里。除了他们坐的两把椅子，旁边还有第三把椅子，上面放着一件男式外套。奇怪的是，玛蒂尔达正神情紧张地在给这件外套喂饭，菲勒蒙则在一旁监视她，因为这是菲勒蒙对妻子的惩罚。过去，菲勒蒙一直被认为是个好男人；但他在家里偶然发现，他每天外出干活时，好像总有别的男人到他家里来。有一天，他突然在上午回家，结果发现妻子正和一个男人在床上。慌乱之中，那个男人穿着衬衣夺门而出，把他的外套留在了床边。接下来，菲勒蒙就开始用那件外套惩罚他妻子。他强迫妻子整天都带着那件外套，吃饭时还要给那件外套喂饭，就是星期天出去散步，也要妻子捧着那件外套在大街上走。如果妻子不肯，他就威胁说会杀了她。玛蒂尔达反复表示，自己愿意悔过自新，她希望他们的婚姻能维持下去；但不管她怎么努力，菲勒蒙就是不肯原谅她。几个月后，玛蒂尔达正和新朋友们在一起聚会，菲勒蒙突然闯了进来，手里拿着那件外套，还强迫玛蒂尔达把外套的来历讲给在场的每一个人听。这样羞辱了妻子之后，菲勒蒙又去酒吧借酒消愁，等他醉醺醺地回到家里时，发现玛蒂尔达躺在床上，已经死了……

这个故事来源于坎·希巴的现代剧《外套》，酿成悲剧的原因就是妒忌。我们可以看到，妒忌是一种复杂的情感，其中含有恐惧、愤怒、悲伤、焦虑和绝望等多种因素；此外，妒忌通常是因为怀疑自己的心爱之人而引起的，所以它既有可能使人觉得内疚，又有可能使人感到怨恨。虽然人们时常会说到自己的各种不愉快的感受，但却极少有人会承认自己在妒忌他人。

一个妒忌心强的人总是会觉得自己有理，对于他来说，别人没有道理。尤其是在男女交往中，他们认为对方只属于自己，常常会一方面害怕他们的伴侣觉得别人比他们更有吸引力，另一方面又从心底里看不起那个可能会夺走自己伴侣的人。因此，妒忌的根源归根结底在于他们对自己的态度。正因为妒忌的人对于自己的价值既怀疑又自负，因此他们就会不断地寻找这样的证据来让自己失衡的心态得到安慰。为了防止伴侣离开他们，他们经常都会问"你是否仍然爱我"，会因为嫉妒而与他们大声争吵，会拒绝和伴侣发生亲密关系，会辱骂他们，会监听他们的电话，会仔细检查他们的衣服上是否留有陌生人的头发或者口红印，还会翻看他们的口袋和皮包，等等。

培根说："嫉妒这恶魔总是在暗暗地、悄悄地毁掉人间的好东西。"妒忌情绪不仅容易使人们产生偏见，还能影响人际关系。所以，要正确地看待妒忌心理，积极地对它进行疏导和克服。

1. 适当宣泄：不要将自己的妒忌情绪压抑在心里，要认识到妒忌也是一种正常的负面情绪，没什么不好承认的。最好能找知心朋友、亲人痛痛快快地说出来，他们能帮助你阻止妒忌朝着更深的程度发展。

2. 客观评价：当意识到自己产生了妒忌的情绪时，要积极主动地调整自己的意识和行为，冷静地分析自己，找出差距和问题。

3. 看到长处：学会扬长避短，自己的长处同样也可能是别人的短处，充分发挥自身的潜能，这样在一定程度上可以减弱妒忌的情绪。

4. 加强沟通：伴侣之间适度的妒忌心可以有助于牢固彼此的关系，但也要注意把握分寸。彼此要时常交流，解除不必要的误会和麻烦。

嫉妒别人不如"宽恕"别人

《心理学大辞典》中说："嫉妒是与他人比较，发现自己在才能、名誉、地位或境遇等方面不如别人而产生的一种由羞愧、愤怒、怨恨等情绪组成的复杂的情绪状态。"

在生活中，之所以很多人不能正确面对别人的优秀，是因为他们没有宽广的胸怀，往往表现出一种狭隘的眼光，心生嫉妒和仇恨。他们不希望别人比自己生活得幸福，甚至盼望着别人的失败，他们心里缺少阳光，却满是这种负面的情感。

　　但是这种嫉妒却是毫无意义的，它既不能帮助你成功，也对他人毫无益处。人生更多的是需要一种理智和平和的心态，才不会让情绪出现波动，才能与人和睦相处。所以与其让自己陷在嫉妒和仇恨中无法自拔，还不如"宽恕"别人，给自己和他人一份平静。

　　维克多·雨果曾说："最高贵的复仇是宽容。"宽容，会让我们忘记心中的不悦，不再嫉妒，甚至会以一种平静的心态面对事情的发展。在生活中，能够以德报怨的人并不多，他们大多都是以怨报怨，对于别人的苛责或非难，他们从来不会忍受，心中的怒火很容易被激起，在激烈的情绪下，他们会采用恶语相向、以牙还牙的方式进行报复，结果弄得两败俱伤，甚至从此成为陌路人。这样的结果又何必呢？俗话说："冤冤相报何时了？"如果我们心眼小得容不下别人无意之中造成的伤害，无法忍受自己遭受一点点的责备，那斗气就会成为我们的习惯。人生短短几十年，何必非要跟自己过不去呢？学会宽容，以自己的仁厚去包容他人的过错，这样我们才能拓宽人生的境界；同时，还能化解心中的负能量。

　　从前，有一个贫穷的农夫，他有一个非常富有的邻居，邻居有一个很大的院子，有一栋非常坚固的房子和一辆漂亮的马车。对此，农夫对邻居十分嫉妒，心想："他一个人住那么大的房子，可我呢？一家五口人拥挤在一个小草房里，上天真是太不公平了。"每次遇到这个邻居，贫穷的农夫都会冷漠地走开，似乎这样一种姿态可以满足自己的自尊心。到了晚上，农夫就开始痛苦了，他翻来覆去就是睡不着，总想自己能住上邻居那样的大房子，他向上天祈祷：让那个富有的邻居变得像自己一样贫穷吧。不然，自己会被嫉妒之心气死的。

后来，村子里来了一位智者，据说，他能给那些痛苦的人指引道路，从而让他们过上快乐的日子。农夫觉得自己也应该去看看，到了那里，发现已经排了很长的队伍，而排在自己前面的不是别人，就是那个邻居。农夫感到很奇怪："这样一个富有的人也会感到痛苦吗？"过了半天，邻居进去了，农夫还在外面等着，可是，直到太阳下山，邻居还没有出来，农夫的嫉妒又开始了："上帝真是不公平，怎么智者就跟他说了这么多。"终于，邻居出来了，他的脸上显露了从未有过的笑容。

农夫心中一动，急忙走了进去，智者说："你为何而痛苦啊？"农夫回答说："我总是看我那个邻居不顺眼。"智者微笑着说："这是嫉妒在作怪，你需要做的就是克制自己，想想自己所拥有的东西。"农夫十分生气："智者啊，你怎么也那么偏袒呢？给我的邻居那么多忠告，却只给我简单的两句话。"智者说："你一进来，我就猜到你是为什么而痛苦；可是，那个富人进来，我只看到他殷实的外在，看不到他精神的匮乏，详细询问了才知道他的症结所在。"农夫不解："他也会感到不快乐吗？"智者说："当然，虽然他比你富有，房子比你的大；但是他只有一个人。而你呢？还有贤惠的妻子和可爱的孩子。现在，你想想，你所拥有的是不是他所缺乏的，这样一想，你就不会痛苦了。"听了智者的话，农夫心中释然了，他感到快乐的日子离自己不远了。

农夫的嫉妒只会让自己远离了快乐，陷入了痛苦的深渊，他所看见的是某些不足的方面，却忽略了让自己快乐的因素。在这样的心理状态下，他会认为凡事都是邻居的好，自己似乎什么都差劲；而经过智者的点拨，他发现原来在自己身上还隐藏着一些"宝藏"，而这些都是那个富裕邻居所缺乏的，自己与其嫉妒他还不如"宽恕"他呢。

"宽恕"别人受益最多的却是我们自己。宽恕所体现的是一种宽容的大度和涵养；同时，这也是一种积极的生活态度和高尚的道德观念的表现。虽然，对方做了一些侵犯我们，或对不起我们的事情；但我们若是可以给予对方一个宽容的怀抱，那所换来的将是皆大欢喜的结局。

"宽恕"别人并不是结果，站在对方的角度欣赏对方，这样才能从根本上远离嫉妒对内心的伤害，在生活中感受到快乐和美好，带着阳光和微笑面对身边的人和事。尤其在工作中，当同事取得成功和进步的时候，我们要怀着真诚去祝贺和鼓励，并从中借鉴别人的经验和方法，这样才能不断取得进步和突破，才会得到别人的关注和友善，营造出彼此尊重、和睦相处的环境。

俗话说："己欲立而立人，己欲达而达人。"我们要学会换位思考，只有容得下别人的成功，我们自己才可能取得成功。如果一个人因为嫉妒而气量狭小，他可能会优秀，但绝不会是最优秀的，因为他没有这份心境。人生在世，只有在带着一种欣慰和愉悦去看待别人的幸福和成功的时候，我们才可能拥有自己的幸福和成功。

在现实生活中，每个人都有自己的优点和不足，我们不要一味地盯着别人的缺点不放，那样不仅伤害了别人，也狭隘了自己。所以，我们要换一种眼光，学会欣赏，因为在欣赏别人、接纳别人的成功和辉煌的同时，不仅给予了对方充分的肯定，也是对自己的肯定和提升，彰显了宽广的胸怀和气度。

很多时候，欣赏和嫉妒只有一念之差，但结果往往却是天壤之别的。面对别人的优秀和成功，选择嫉妒的人只会让自己内心充满愤恨和排斥，不仅不会进步，反而还会因为痛苦挣扎而停滞不前，甚至倒退，最终在成功的道路上越走越远；然而，如果我们选择换一种眼光去欣赏的时候，一切看起来都是那么的美好和积极，无形中就会在内心里升起一种自信，让我们有勇气取得更大的成功。

嫉妒，害人害己；宽容，化解心中的嫉妒。如果你是一个仰望幸福的人，那么你一定会选择后者，因为宽容本身就可以令你收获一种甘甜的幸福。

1.放宽心胸，包容别人的快乐和优越，真心为他人祝福，自己也会感受到生活的乐趣。

2.嫉妒，折磨自己也折磨他人，不如放下自己的嫉妒心，"宽恕"别人的同时也是在"宽恕"自己。

羡慕嫉妒恨的时候，别人不见得知道

生活本是一个友好相处的过程，然后才能体会到其中的无限乐趣。事实上，我们身边的很多人往往凭借着自己的优势而高傲自大，把别人的热情、随和丝毫不放在眼里。当别人取得成功或者进步的时候，他们立即心生嫉妒和仇恨，因为他们始终认为只有自己才是最好的，理应成为最优秀的；然而，恰恰因为他们这种孤芳自赏和超强的嫉妒心理，才让自己失去了人生最好的东西，最终得到的只是悔恨和遗憾。

现实生活中的很多人，总希望自己能处处领先别人一筹，把自己理所当然地放在中心的位置，希望得到他人更多的认可和肯定；然而一旦自己没有得到重视和关注，有人比自己做得更好更优秀的时候，就会在心里产生一种敌视和嫉妒的坏情绪，同时还会伴有焦躁和不安，这不仅有损健康，还会影响正常的生活和工作。

莎士比亚说："您要留心嫉妒啊，那是一个绿眼的妖魔。"嫉妒心强的人往往不能理智地看待他人的进步和成功，并想方设法地排挤和抵制对方，甚至会失去理智做出一些让自己后悔莫及的事情。毋庸置疑，嫉妒不能轻易沾染，它就像是一把双刃剑，在伤害别人的同时也伤害了自己。只有胸怀坦荡，把别人的进步和辉煌当成激励自己前进的动力，我们才可能心平气和，远离嫉妒的伤害，当然也不会伤害到别人。

嫉妒和高傲会让自己失去内心的平和与宁静，从而让自己的情绪变得焦躁和冲动，以至分不清是非好坏，更看不到什么才是真正的生活意义，找不到自己的正确归属。只有那些内心平静、懂得珍惜生活和人生、不嫉妒他人、不好高骛远的人，才能真正拥有自己的快乐和幸福。

商场里，各种款式的鞋子花样繁多，一双高跟鞋和一双平底鞋恰好挨在一起被放在同一个柜台上。天长日久，除了

第七章　你一定不喜欢被嫉妒控制的样子

客人和销售人员之外，就没有别的人搭理它们了，所以慢慢地它们俩就成为了好朋友。平底鞋每天没有事情的时候，就帮助高跟鞋美容打扮，让它看起来无比光亮；然后，高跟鞋也每天帮平底鞋整理好外观。它们每天就这样尽量把自己收拾得干净利索一点，等待着各自的希望和归宿。

商场里人来人往，很少有人会注意到它们。因为价格的缘故，平日里高跟鞋面对平底鞋时总是显得无比高贵和不可一世，从骨子里就看不起平底鞋，总觉得自己比平底鞋美丽高雅；然而，平底鞋并不会因为这些而与它计较，依然一心一意地护着高跟鞋。

有一天，终于有人来看它们了。要买鞋子的是一位穿着华丽的贵妇人，这正是高跟鞋梦寐以求的主人，它觉得只有这样的人才能配得上自己的气质。贵妇人先试穿了高跟鞋，看着在镜子面前搔首弄姿的夫人，高跟鞋心里高兴极了，觉得自己一定讨得了夫人的喜欢。平底鞋静静地看着高跟鞋，贵妇人肥胖的身躯简直要把高跟鞋压折了，并且她胖胖的身体跟细细的鞋跟看起来很不成比例。所以，平底鞋悄悄地对高跟鞋说："姐姐，这个人不合适，还是再等别的人吧。"高跟鞋气愤地说："你想得太多了，除了我没有其他的鞋子能够衬托出夫人的气质了。"平底鞋没有说话，只是非常担心。

不一会儿，贵妇人便把鞋子脱掉了，开始试穿平底鞋。这下，高跟鞋开始仇恨和嫉妒平底鞋了，心想："臭东西，你算老几啊？就你那模样哪里有美丽可言，还想跟我争，真是笑话。"平底鞋明白了高跟鞋的心思，它不想为此失去朋友，也不能让它受到伤害。于是平底鞋故意想办法让贵妇人的脚感到不舒服，最后贵妇人一脚把平底鞋给甩了出去。看到这个场景的高跟鞋满心的得意，心想："我说对了吧，你就是不配跟我比，没人看得上你。"

贵妇人最后还是决定把高跟鞋带走，高跟鞋得意扬扬的。这时，平底鞋又劝高跟鞋说："姐姐，这位夫人不适合我们俩，还是不要强求的好，放弃吧。"高跟鞋面带冷笑地说："我知道你心里嫉妒我了，尽管我们是好朋友，但是我的人生和你不一样。"平底鞋没有说话，眼里含满了泪水。

高跟鞋自从被贵妇人带走之后，无论是红地毯，还是各种高贵华丽的地方，它都走过了，这让高跟鞋很是满意，这也正是它渴求的；可是它的好日子并没有持续太久，只穿了短短几天的高跟鞋，贵妇人的脚便疼得厉害。最后，贵妇人十分嫌弃地把高跟鞋扔到角落的盒子里。就这样，高跟鞋每天连阳光都见不到，伤心地哭了。

自从高跟鞋被买走后，平底鞋就一直闷闷不乐，十分悲伤孤独。一天，一位温柔美丽的姑娘来到柜台前，仔细看了看平底鞋，觉得非常不错，就把它买下来了；而平底鞋也觉得这位姑娘不错，就决定跟她走了。姑娘很喜欢这双鞋，兴奋地把它带回了家。

平时，姑娘特别爱惜平底鞋。无论走在哪里她都是小心翼翼的，每次穿完就把它晾在窗台上；平底鞋脏了，姑娘就会像呵护孩子一样把它洗干净，平底鞋觉得好幸福。日复一日，在这样快乐的日子里，它唯一担心的就是高跟鞋，只可惜到现在也没有遇到过它。

高跟鞋被放在鞋盒里，好久不见阳光了，于是被各种细菌和霉菌侵蚀着，慢慢开始腐烂，原来的美丽渐渐消失了。高跟鞋现在唯一的希望就是贵妇人能够把盒子打开，它从来没有想到自己会落到现在的下场。不过高跟鞋偶尔想起平底鞋，心里就会觉得暖暖的。它想："或许平底鞋比我更惨呢，谁会看得上它呢？"这么一想，高跟鞋心里平衡多了，开始偷偷地微笑。

偶然一天，贵妇人无意中看见角落的鞋盒，已经忘了里面是什么的贵妇人打开了盒子，高跟鞋认为自己的好日子终于又要来了，它一心幻想着贵妇人会再次穿上它，不由得心中充满惊喜；可是，高跟鞋由于年久未打理，皮质已经腐烂变质，并且散发着臭味，贵妇人见状，十分厌恶地捂住了鼻子，把它连同盒子一起扔进了垃圾箱……

很久过去了，尽管姑娘不会经常把平底鞋穿在脚上，但总会把它清理得干干净净，很爱惜地放在一个既通风温度又舒服的环境里。对于平底鞋来说，它已经很满足了……但总有一个遗憾，那就是一直没有高跟鞋的消息。

只有内心平静的人，人生才可能平静，即使我们现在已经拥有了优势和资本，也要平静地看待自己和生活。那些嫉妒心强却又一味地贬低别人、夸大自己的人，已经失去了内心的平衡。总想着与别人比较，总想着站在上风，他们的道路当然不可能平稳，更不可能取得成功；而且自己内心的不平衡、自己受到的折磨，没有人知道，更没有人在意。像故事中的高跟鞋，就是因为太喜欢攀比，太想超过别人，才落到如此悲惨的境地；而平底鞋始终如一地保持自己的谦和、平静，不嫉妒别人，最终找到适合自己的生活，得到了快乐和幸福。

现实生活中有多少人像高跟鞋一样，由于嫉妒心的驱使，看不到自己的价值所在，盲目地和别人攀比，用羡慕和嫉妒来折磨自己。只有学会做平底鞋，放低姿态、内心平和，我们才会看到生活的美好，不急躁、不嫉妒，在平静中收获自己的人生。

1. 由嫉妒产生的憎恨是一种病态的情绪，一个人长时间地沉溺在嫉妒之中，心态就会逐渐失衡，人就会陷入一种病态心理。

2. 与其把生命浪费在与别人的比较当中，不如换种心态，化嫉妒为动力。

除掉体内嫉妒的"毒瘤"

快节奏的生活、激烈的社会竞争，让人们在不断奋斗的同时也学会了攀比和嫉妒。很多人看到别人比自己条件优越或者表现得更优秀，就会产生一种不平衡的心理——总喜欢拿自己的不足与别人的长处比较，结果越比较越是纠结和烦恼。于是，他们看什么都不顺眼，甚至还会做出一些不理智的举动，最终害人害己。

一个心理失衡的人，往往找不到一个能让自己平和的位置，也看不到自己身上的优点，无论面对什么事情都不能正确对待，这就是失败和痛苦的根源。我们只有抛掉嫉妒，学会欣赏别人，维持自己心态的平衡，保持愉悦的情绪，才会发现生活的美好，才能与周围的人和睦相处，拥有快乐和幸福。

周国平说："伟大的成功者不易嫉妒，因为他远远超出一般人，找不到足以同他竞争、值得他嫉妒的对手。一个看破了一切成功之限度的人是不会夸耀自己的成功，也不会嫉妒他人的成功的。"嫉妒，是人们为了通过竞争获得一定的利益，对共同竞争中的幸运者或潜在的幸运者怀有的一种冷漠、贬低、排斥，甚至是敌视的心理状态；换句话说，嫉妒是因为感到自己不如他人而引起的负面情绪体验。譬如，当看到同事比自己的工作能力更强时，心里就会酸溜溜的，很不是滋味，不自觉地就会对其产生憎恶、羡慕、愤怒、怨恨、猜疑等一系列复杂情感。在这个世界上，每个人都是独特的，或许，从某一方面来看，对方是比自己优越；但是，在另外一些方面，自己所拥有的却是对方未必能得到的。

在一家医院的重病看护室里，住着两个重病患者。房间很小，只有一扇窗子可以看见外面的世界。所以，也只有那个靠近窗户的患者每天能够坐在床上欣赏外面的风景；另外一个人则终日都得躺在床上

于是，靠窗的病患每次都会把自己看到的外面的美景一一讲给另一个人听。他说："窗户的外面是开阔的水面，水面上有成群的白天鹅，人们在水上划着小船，年轻的恋人在树下携手散步……反正有很多很多非常好看的东西！"

另一个人倾听着，每次听都像是一种享受，听完之后就会格外地开心和舒服；但是，后来他慢慢地感到靠窗户的人描

绘的世界实在是太好了，自己真想目睹一番。可是自己的床位不在窗户那边。在一个天气晴朗的午后，他心想："凭什么让他一个人独享外面的美景，而我却不能呢？"这样一想，他突然觉得不是滋味，他一定要想办法和那个病人换换位置。

这天夜里，他一直在想着那件事，翻来覆去就是睡不着。突然间，靠窗户的病人惊醒了，拼命地咳嗽，总想伸手去按床头的铃，但就是一直够不着；这个人只是旁观就是不肯帮忙，直到他感到那个人的呼吸渐渐微弱……第二天早上，护士来时那个人已经死了，然后他的位置就空出来了！

第二天下午，这个人就向护士请求搬到靠窗户的床上。然后护士们帮助他换到了那里，他感觉很满意。人们走后，他吃力地坐了起来，使劲地往窗外望去，顿时他傻眼了，因为窗外除了一堵白色的墙，什么也看不到！

如果这个人不起恶念，在别人急需帮助的情况下按一下铃，这一切就不会发生，他还可以听到美妙的窗外故事；可是现在后悔也晚了，他看到的是什么呢？除了墙，还有一颗嫉妒丑恶的心。不久，他就在愧疚中死去了！

生活中的美好和幸福需要我们去寻找和发现，等待只会是一场空；但是，这并不是说要和别人比较、跟风，而是学会欣赏和自我肯定，否则盲目地攀比和狭隘的眼光会让自己内心的天平严重失衡，从而走向贪恋和卑下的不归路。故事中的人就是因为攀比的心理太过强烈，嫉妒别人比自己条件优越，进而满腹的牢骚和不满，最终因为自己失去理智的行为造成了令人遗憾的结局。

有一个人，非常嫉妒他的邻居，每次听到邻居家传来说笑声，他就非常不高兴；邻居家的生活过得越好，他的心情就越苦闷越糟糕。在这种不良情绪的"统治"下，他整天盼着邻居家碰到什么倒霉的事情：上班的时候迟到，没人在家的时候水管坏掉，患一场大病……

但是，邻居一家每天都生活得非常快乐，并且见面的时候还亲切地和他打招呼。他的嫉妒心就更加强烈了，有时候甚至想往邻居家扔个手榴弹。就这样，这个人每天都生活在嫉妒中，精神上受着折磨，以至于吃不下什么饭、日渐消瘦。他总想着破坏掉邻居家的幸福气氛，不然的话，心中就像堵了一块大石头，憋得浑身难受。

有一天，他终于鼓起了勇气，跑到花圈店买了一个花圈，趁着晚上夜黑的时候，偷偷地放在邻居的家门口。正当他要离开的时候，突然听到邻居家传来哭声，而邻居也正在这个时候走了出来，他闪避不及，心中惶恐不安。出乎他的意料，邻居没有责骂他，反而向他表示了谢意。原来邻居的父亲刚刚去世了，他顿时觉得惭愧不已，转头默默地离开了。

在这个案例中，主人公就是一个不懂得管理自己情绪的人，于是产生了嫉妒，见不得邻居家的幸福，导致心理失衡，以至于让自己时刻遭受折磨；但是最终的结果是，他不仅没有从嫉妒中获得快感，反而更加失落了。

心理失衡的人，就爱产生嫉妒心理。看着别人生活得幸福美满，嫉妒；别人比他年轻，嫉妒；别人风度翩翩，嫉妒；别人有才华，嫉妒……有一句话很能概括出这种人的心境——好嫉妒的人会因为邻居身体发福而越发憔悴。

我们在排除嫉妒情绪时，一定不要嫉妒别人的才华，而要承认自己的不足。唯有这样，我们才能够提高自己，获得别人的认可。另外，如果能够胸襟开阔，容得下别人的好，我们做事的时候，心里也会更加放松。

总而言之，当看到别人比自己优秀时，首先要自我反省，找出自己为什么没有做好的原因。如果因为不够努力，就要加倍提升自己；如果某方面实在难以赶上，就要大度一些，不去斤斤计较，以平常心对待。试试用下面几个方法来平衡心态，把精力用在自己擅长的地方。

1. 不要去羡慕、嫉妒别人，珍惜自己所拥有的，寻找自己真正想要的，才能真正地获得幸福。

2. 别忽略自己的幸福，有时我们也是别人羡慕的对象，把握自己拥有的幸福才是最重要的。

3. 别人的风景并不一定适合自己，如果总是嫉妒他人所获得的东西，你会发现，除了增添了许多烦恼，自己并没有得到任何收获。

打不垮虚荣，就扳不倒嫉妒

虚荣心是最易滋生嫉妒情绪的温床。关于虚荣心，《辞海》有云："表面上的荣耀；虚假的荣名。"俗话说，"人比人，气死人"。在盲目地攀比中，人往往容易产生嫉妒情绪。想要阻止嫉妒产生，杜绝攀比必不可少。

生活中常常会听到这样的话语："快点看书去，你看人家小明成绩多好，而你整天就知道玩。""单位小李又升职了，这么多年，你还那样儿，没指望。""唉！住豪宅开名车的人越来越多，可我们还蹬着自行车、住出租房，这日子可怎么过。"千万别小看这些随口说出的话，它们正是嫉妒情绪的最好体现，若是把握不当、任其发展，情绪危机迟早会爆发。

嫉妒是一条毒蛇，它专门啃噬人的心，我们常常会说"羡慕"，却很少提及嫉妒，似乎总想掩藏内心的秘密。有人说，羡慕是嫉妒的华丽转身，羡慕中多了一丝向往，嫉妒中多了一丝怨恨。在日常生活中，我们常常会听到嫉妒的心声："你看，隔壁的王先生多潇洒，楼下的阿松自己买了小车，对面的小张刚刚炫耀说又订了一套别墅，看看我们自己，还住在筒子楼，要钱没钱，要车没车，工作也不好……"虽然，人与人之间的比较是一种常见的心理活动；但是，如果我们时刻用消极的心态去攀比，贪恋虚荣，不仅会在比较中迷失自己，心中也燃起了嫉妒的熊熊大火。

泰戈尔说："孤独的花儿，不要嫉妒繁密的刺儿。"由于狭隘、自私而产生的嫉妒是消极的，在比较心理下，嫉妒心会成为我们前进的绊脚石，使自己陷入痛苦的深渊，而无法自拔。其实，人生就是一道加减法，有得必有失，幸福和快乐是不可比较的，因为它没有止境，也没有具体的标准。如果你总是纠结于比较，那么，你永远都是吃亏的那一个，因为在比较时常常忽略了自己的幸福，我们应该懂得这样一个道理：比上不足，比下有余。

早上，王雯穿着新买的裙子去上班，心里别提多美了，心想："这身打扮应该会把办公室那群人给比下去，不知道多少人会称赞我有品位呢。"她一边想着一边乐，忍不住对着公司大门的镜子整理头发。来到办公室，王雯还没有来得及炫耀自己的新裙子，就看到一大群女同事围着李倩，大家嘴里发出阵阵赞叹声。王雯心中顿感不快，挤过去一看，原来，李倩今天也穿了新裙子；不过，无论是款式还是质量，都在自己所穿的裙子之上。王雯看了一眼，满脸不屑，气冲冲地走了，身后传来同事的议论："她总是这副样子，爱比较，比了又生气，真是搞不懂这个人……""可不是嘛，要我说啊，就是嫉妒心在作怪，每次都这样子，都已经习惯了。"

听了同事的议论声，王雯怒火腾地上升了，她回过头，大声责问道："你们说谁呢？"同事们纷纷走开了，只留下脸红脖子粗的王雯。生气的王雯进了卫生间，对着镜子重新审视自己的裙子，越看越生气，一气之下，王雯拉着裙子的下摆猛地一扯，本来只是发泄心中的怨恨，没想到，新买的裙子居然被扯出了一条长长的口子。看着镜子中的自己，王雯气得哭了起来。

一些人攀比心重，又比较自私，他们时常会因为与人攀比把自己气得够呛；到最后，他们也不知道事情到底错在哪里了。心胸狭窄的人，总喜欢显示自己，甚至以己之长攻人之短，而且十分看重名利地位和个人利益，结果却是与人比较后越发觉得人"长"己"短"，感觉自己真的"吃了亏"或"运气不好"，甚至开始抱怨自己是"生不逢时"。看到自己的朋友当了官、发了财，自己的心里就很不平衡，总想着之前他还不如自己呢；但是，他们却不去思考对方取得成

第七章　你一定不喜欢被嫉妒控制的样子

功的原因。

爱默生告诉人们"生活不是攀比，幸福源自珍惜"这一朴素而深刻的道理。嫉妒是一种潜藏于内心的阴暗心理，是人们普遍存在着的人性弱点，有时嫉妒心理还会带来自身的毁灭。在日常工作中，虚荣心越强，嫉妒心便越重，在这种不健康的情绪状态的影响下，人的身心健康会受到损害。因此，少一分虚荣心，少一点嫉妒，生活会变得更加美好。

其实，我们可以用更旷达的态度来看待竞争，用更积极的心情来看待竞争对手。可以通过以下的方法，保持奋发有为的上进心，且不与他人做无谓的攀比，一切言行都只是为了让自己变得更好。

1. 学会欣赏竞争对手身上的优点，这样优点就会变成你的。

2. 不与他人攀比斗气，只是用上进心来激励自己。

第八章

你要拥有超强的自控力

意识到自己的强大

　　自我意识，也叫自我认知，是一种多维度、多层次的复杂心理现象。通常自我意识由自我认识、自我体验和自我控制三种心理成分构成。简单地说，自我意识就是一个人对自我能力素质、思想认识、情感行为、个性特点以及人际关系等各方面的认识、感受、评价和调控。

　　我们在面对一个未知的环境时，内心常常感到焦虑和恐慌，并进而陷入烦躁不安、情绪消极的状态。这种情况下，人往往会对外界产生一种强烈的抵触感，进而又会通过逃避、拖延等方式来缓解、宣泄这种焦虑烦躁的情绪。

　　在面对一项艰巨的任务时，这种焦虑、烦躁的情绪往往也会产生。这种不安的情绪让人不愿意马上开始这项工作，并且只要有可能，总要下意识地进行逃避和拖延，直至再也没有可能逃避和拖延，才不得不停止下来。这些都是自我意识影响的结果。

　　一个人只有对自己有了充分的了解与认识，才能给自己准确定位，才能够确定适合自己的追求目标，也才能够通过自己的努力最终实现这一预定目标。目标的实现不仅使个人的需求获得了满足，个人的价值得以实现，而且也巩固和增强了个体的自信心，使个体心理机能处于良好的竞技状态。

反之，假如一个人不能客观估量自己的能力，仅仅凭良好的愿望和热情盲目地制订远大目标,结果往往是造成了拖延，使目标落空，不仅使个人心理蒙受打击，产生挫折感，给自信心和心境造成不良的影响，还会影响今后的发展。因此，积极的自我意识对解决拖延问题有十分重要的意义和作用。

彭鑫是个品学兼优的好孩子，他从小学到大学一直是父母、老师、同学和朋友眼中的天之骄子。他学习成绩非常优秀，每次都能拿到奖学金。大学毕业后，彭鑫很顺利地进入一家大公司工作。

工作中，彭鑫积极上进，力求工作尽善尽美，很多任务都完成得十分出色。渐渐地，他对自己的要求越来越高，不允许自己出现一点纰漏，如果有一件事没有达到预想的要求，他就会对自己的表现非常不满意，甚至会将这件事重新再做一遍。

失败是在所难免的，没有谁永远是一帆风顺的，但偏偏却有人禁受不住失败的打击。彭鑫就是这样的人。在经历了一次较大的失败后，彭鑫陷入了焦虑和恐惧之中，他害怕再遭遇失败。于是他总是战战兢兢地去做事，但越是这样，越容易出事。失败接踵而来，彭鑫极度恐慌，他下意识地逃避、拖延，即便是一些很重要的工作也是一拖再拖，工作进度受到了极大的影响。领导为此找了他，让他把进度提上去，但是没有任何效果。最终，彭鑫被迫选择了离开。

因失败而焦虑不安是人们惯有的一种心理反应。显然这不是一种好现象，要勇于从这种糟糕的状态中走出来，否则这种心理反应必然会导致逃避、拖延行为的出现。积极的自我意

第八章 你要拥有超强的自控力

识会消除这种负面心理的产生以及其所带来的影响。大文学家高尔基曾说："只有满怀自信的人，才能在任何地方都怀有自信，沉浸在生活中，并实现自己的意志。"因此要努力培养积极的自我意识，并让它发挥重大作用。

要培养积极的自我意识，可参照下面几点来进行：

1. 要正确地认识自己

正确认识自己就是要树立起正确的自我观念。只有树立起正确的自我观念，才能主动地进行自我教育，正确地发展自己。如果不能正确认识自己，就会误判自己的能力，或自恃清高、自以为是，或妄自菲薄、自惭形秽，这些都不利于很好地适应社会和环境。

2. 遵照社会要求发展自己

在自我意识的发展中，不仅要正确地认识自己、接受自己，而且还要发展自己，为自己描绘一个理想的自我，并努力追求。

3. 要强化积极的思维

积极的思维有助于自我意识的培养，平时要经常思考问题，增强自己的预见性，这样才能在需要的时候充分发挥出个人的智慧，快速做出判断和选择。

4. 要增强意志力

意志力的加强对培养积极的自我意识有较大的作用。平时要注意培养坚强的意志力，对设定的目标有充分的认识，要坚持不懈地进行下去，直至达到目标。

总之，培养了积极的自我意识，就可以有效抵制内心的不良情绪，也能够从容应对外界的压力与挑战，最终消除办事拖延的坏毛病。

专注使你更高效

一项调查表明，患有拖延症的人同时多患有注意力缺失紊乱和执行功能障碍症，这两样病症使拖延者的拖延症状变得更加严重。拖延症患者多缺乏自我约束力，也就是自控力弱，很难约束自己的冲动。同时，拖延症患者对外界干扰的抵抗力也很差。外界一些新鲜事物，如新产品、新观念、新声音、新面孔等，总会引起拖延症患者的注意，唤起拖延症患者极强烈的兴趣。想让拖延症患者不注意或者视而不见、听而不闻几乎是不可能的。由于平时工作的拖延，拖延症患者手头总有一大堆需要做的事，这样就产生了矛盾：一方面，拖延症患者被新鲜事物吸引了一部分注意力，想去研究一番；另一方面，拖延症患者又不得不做手里的工作。这种情况下，拖延症患者对手里的工作肯定是越来越烦。对抗情绪之下，拖延症患者必然会更加拖延手里的工作。另外，一心二用同样会加重工作的拖延。所以，在上述情况下，拖延症患者的拖延症状一定会变得更加严重。

在了解清楚了病因后，要对症下药，才能药到病除。针对这种拖延症，最关键的方法是将自己的注意力收回，集中精力在自己应该做的事情上，让一切慢慢地回归正轨。具体操作时，可参照下面两点进行：

1.将注意力转移到自己的内心世界

心理学上有这样的理论：人在接受新事物的时候都是从外在支持开始的，并通过对外在行为的一再重复，逐渐将其内化。将这个理论应用到如何收回注意力问题上，同样也是适用的，也就是说需要通过外在支持帮助当事人收回注意力，并强化这一结果，最后撤去外力支持，让注意力变成一种自觉行为。

我们生活的周围充满了诱惑，比如，街边的广告、路边的鲜花、过往的人群……我们的注意力很容易被吸引走。要想把注意力收回来，转移到内在世界，我们就要经常提醒自己，强化自我监督，提高自控力。这样才能集中精力做事，直到完成任务。

但是如果注意力缺失严重，无论做什么事，都没有办法集中精力，那么在这种情况下，最好的办法就是借助外力，例如可以找人帮自己规划一个执行策略，在执行这个策略的过程中，接受外人的监督和引导。同时，也要强化自我监督，提高自控力，两者共同努力，相信定会收到效果。

2.不断强化自己的目标

很多时候，在做事之前，人们都已经做好了计划。目标明确、科学，实现目标的每一个步骤也都经过详细分解，容易操作。与此同时，你也准备将这份计划踏踏实实地执行下去，但在进行的过程中，你总是停下来，原因是你忘记了接下来要做什么。这种情况很常见，并非你有意拖延，而真的是你忘记了某个环节或者计划。

针对这种情况，可以借助外力提醒我们什么时候该做什么事，或者什么地方该采取什么行动。比如在自己触目所及的地方贴上便笺，上面记着自己需要拨打的电话、该结束某项任务的时间、某个会议举行的地点，等等。这个方法虽然简单，但却很有效。这些提示反复出现，渐渐会内化成你的大脑思维，最后即使不用提醒，自己也能记起来。这些属于视觉提示。

除了视觉提示外，还可以采用听觉提示，道理是一样的，只是将看到的提示转化成听到的提示。这类提示也很常见，如可以设定一个闹钟，每到一个时间点，闹钟就会响起，提醒你该做什么事了。这样既可以提醒你不忘记做某事，同时也能让你不用花心思去记一些杂事，有利于静下心来做事，进而提高工作效率。

朋友或家人的监督也能产生此类效果。视觉和听觉提醒属于被动提醒，而借助朋友或者家人的监督则属于主动提醒。你可以同他们一起制订计划，或者让他们对你的计划提出建议。

在与他们的交流中，你也许会发现计划的缺陷和不足，也可能找到弥补缺陷的方法，使计划更加具有可行性，使步骤更加清晰。而最重要的是让他们监督你的工作，提醒你该做什么事。在他人的提醒和监督下，你肯定会努力在规定时间内做完事情，至此，目的便达到了。

还有一种情况，人们习惯将注意力转移到他处。当现实让你感觉不满、难受时，你就将注意力转移到一些替代性事物上面，借此使自己不佳的情绪得到缓解。针对这种注意力缺失的情况，我们可以采用"PURRRRS计划"的方法调节。这种方法可以让你学会克制，培养你对不适感的忍耐力，并且增强你的能力，帮助你坚持下去。

"PURRRRS计划"中的"P"是"Pause"的首字母，"Pause"的中文意思是暂停。在这里的意思是当有不适感，想转移注意力时，要将自己抽离出来，好好审视发生的事情，要敏锐地认识到有发生拖延的可能。

"U"是"Use"的首字母，是采取行动的意思。在这里的含义是要克制转移注意力的冲动，不要盲目行动，而要充分调动自己的各种能力。

"R"是"Reflect"的首字母，是反省的意思。在这里是指要好好反省自己。例如，看看自己发生了哪些变化，为什么会这样，等等。

"R"是"Reason"的首字母，是推断的意思。在这里指应该按照逻辑来推断，并分两种情况。一种情况是如果转移了注意力，造成了拖延，那么后果如何？另外一种情况是如果不为所动，仍只关注原来的计划，那么又会出现什么结果？对比这两者，你下一步的行动是什么？

"R"是"Respond"的首字母，是反馈的意思。在这里指你能发现先前行动的反馈了。积极思维给你带来了好处，你将摆脱消极、悲观的情绪，变得积极、高效。

"R"是"Review and Revise"词组的首字母，是回顾和调整的意思。在这里是指这个时候你可以对整个行为进行评价了，回顾你学到哪些东西了，调整哪些情况了，这些对你对抗拖延产生了哪些好处。

"S"是"Stabilize"的首字母，是巩固练习的意思。在这里是指保持注意力集中是一个长期、艰难的过程。在这个过程中，要坚持"立即行动"的原则，不断巩固上面的练习，增大对抗拖延的力量。

强迫自己更加积极

拖延是一种后天形成的习惯，它是在不知不觉中受思想、信念、态度等多种因素的影响，在脑海中逐步形成的。正是由于这种特点，所以它的去除也并非那么容易。平时它作为一种信息在人们的脑海里悄然存在，时不时"冒出来"指挥人们：我要这样做，我不喜欢那样做，这样做多省力……在这种情况下，即使人们做错了事，也往往浑然不知。更为严重的是，如果遇到困难和挫折，它就会告诉人们如何应付了事或者如何重新开始。于是，拖延便摧毁了人类的意志力，做了大脑的主人。

如何避免这种糟糕且可怕的局面出现呢？解铃还须系铃人，拖延和意志力是孰强孰能胜的关系，人的意志力如果够强，那么拖延不但摧毁不了人类的意志力，反而会被赶出身体。反之，意志力如果不够强大，则会被拖延压住，甚至完全摧毁。要想战胜拖延，只能想办法增强意志力。

那么，如何增强意志力，让它足够强大呢？在众多方法中，学会自我激励是非常有效的一种方法。实际上，自我激励在我们的生活中扮演着非常重要的角色，它在人们的工作中起到催化剂的作用，不断地帮助人们树立信心，激发人们发挥巨大的潜力。

但是如果抱着随波逐流、得过且过的心态混日子，那么信心就会越来越弱，拖延就会恣意蚕食本就不强的意志力，也势必会掉入无所事事的泥潭中无法自拔。

小曾是从贵州偏远山村走出来的一名初中毕业生，他怀揣着梦想来到深圳这个国际大都市。他有一个老乡在深圳混得很好，于是他来投奔这个老乡。老乡很是热心，不仅为小曾提供了免费的住房，还热情地帮助他联系工作。

在老乡的热心介绍下，小曾进入了一家规模很大的企业上班。实际上，以小曾的学识和能力他是没有机会进入这样的企业上班的，企业的老板是看在小曾的老乡的面子上，勉为其难地给小曾安排了一个职位。

在这种情况下，小曾本应"认清形势"，看到自己的差距，珍惜这难得的机会，努力工作，抓紧学习，千方百计提高自身的素质和能力，以求顺应岗位需求。但是他却错误地认为企业老板没有重用他，总是让他干些杂七杂八的事，对此心里十分不平衡。于是，他抱着给多少工资办多少事的态度混日子，对工作敷衍了事、拖拖拉拉、得过且过，更别说努力学习岗位知识了。

企业老板将小曾的情况告诉了小曾的那个老乡。老乡苦口婆心地开导小曾，建议他利用业余时间多学习，多掌握一些岗位技能，可是小曾根本听不进去。此时，原本不强的意志力已经被滋生的慵懒和拖延消耗殆尽，像一个吸毒的人抵制不住毒品的诱惑一样，小曾对拖延也已经失去了免疫力。

小曾不但没有听老乡的建议，没有振作精神、努力学习、追求上进，还让老乡再帮忙给安排一个更好的职位。他不断地打电话给老乡，甚至在老乡开会时，也不断地打电话骚扰。他的老乡看清了小曾不求上进的内心，毅然断绝了和他的来往。

没过多久，小曾玩忽职守，使企业的利益受到了损失，企业老板按照公司规定开除了他。此时，小曾没有了老乡的帮助，又身无一技之长，同时，还不想干体力活，只好灰溜溜地回老家了。

小曾是个反面例子。他在欠缺工作经验和能力的情况下，不积极自我激励、追求上进、增强战胜困难的决心，而且经受不住懒惰和拖延的"诱惑"，自甘堕落，破罐子破摔。本来就不强的意志力进一步被消磨，最终他一步步滑向混日子的深渊，落了个可悲的下场。

自我激励不是可有可无的，而是必须具备的。有信心、追求上进者有了它，就会策马扬鞭跑得更快、更稳、更有力；而拖延混日子者有了它，就会重振精神、增强自信、摆脱落后、追求进步。如果你现在缺乏这种精神信念，那么一定要努力培养，而且马上就要开始行动。

学会自我激励，首先要相信自己。意志力薄弱的人通常缺乏自信心，总是小看自己，认为自己处处低于他人。这样一来做事就难免畏首畏尾、瞻前顾后，行动中发挥不出正常水平，最终造成拖延，影响事情的结果。因此，要树立自信心，就要时刻提醒自己"我能行，我比别人一点都不差"，只有这样才能充分发挥自己的能力，将事情顺利做下去。

要学会自我激励还要以积极、乐观的心态面对生活。每天不管心情多糟糕，都要强迫自己以积极的心态去面对生活，尽力做好手里的事情。只有保持这样的心态，才能积极地行动，并在行动中不断向前，拖延也才能离我们越来越远。

独自上路，无惧孤独

生活中，大多数人都有自己的亲密伙伴，他们喜欢做事有人陪伴，希望获得他人的鼓励和支持。这种害怕疏远、害怕孤寂的内心需求表现了人类心灵的脆弱，同时，在一定程度上也显示了人们对安全的渴求。这种心理让人在需要完全依靠自己做事的时候，对外表现出恐慌和退缩，进而会采用各种方法拖延。

要想从根本上解决这个问题，避免拖延，重要的一项举措是进行自我鼓励。自我鼓励可以不断地帮助人们树立解决问题的信心，肯定自己的能力，战胜对孤寂的恐惧。

为使自我鼓励发挥出最大的效力，就要让自己远离拖延人群，不让他们对自身的否定情绪影响到自己。这样做的后果可能让你不得不独自去做事，但无论如何也要坚持这样做。因为一旦与拖延人群"混"在一起，你就很难不受到他们的影响，进而染上他们的坏毛病——拖延。

孤寂是很难忍受的，耐得住孤寂的人绝对算是人才。大凡有所成就的人总是能够耐得住孤寂的，因为唯有耐得住孤寂，战胜对孤寂的恐惧，才能度过那段因孤寂而想要拖延、放弃的时光，才能够成就自己的一番事业。

当战胜了对孤寂的恐惧，学会了独立行走，也就证明了自己的强大，这时距离成功也就越来越近了。功成名就的人大有人在。大诗人李白说"古来圣贤皆寂寞"，耐得住寂寞才能成就大才。现代大画家齐白石曾说："画者，寂寞之道。"他数载关门谢客，专心研究书画艺术，终成一代书画大师。在躁动、雀跃的年龄，23岁的黑格尔在偏僻的伯尔尼默默无闻地当了6年的家庭教师，在这6年的时间里，他摘抄了大量的卡片，写下了大量的笔记，终于成为德国19世纪伟大的哲学家。

还有谱写出《命运交响曲》《月光曲》等杰出作品的伟大的音乐家贝多芬也是因为战胜了对孤寂的恐惧，一心追求艺术发展，最终取得了人生的辉煌。

贝多芬晚年失聪后，人生陷入了低谷，但是他没有在众人的否定声中消沉下去，孤寂的生活也并没有使他沉默和隐退。相反，他独自一人，刻苦练习钢琴，日复一日，年复一年，终于凭借自己对音乐的感悟和辛勤的努力，谱写出《第九交响曲》等惊世骇俗的不朽作品，成为音乐大师。

成功不是唾手可得的，世界上没有随随便便的成功。成功越大，遇到的障碍往往也越多，需要付出的精力和时间也就越多，同时，可拖延的借口也就越多。

战胜拖延犹如是在爬一座高峰，陪你攀爬这座高峰的人寥寥无几，最终爬上这座高峰的人可能就你一人。因为其余的人在攀爬中陆续退出了。

恐惧、害怕都是心魔在作祟。如果能够建立起强大的内心，就会很容易发现自己平时所恐惧、害怕的东西实际上都是"纸老虎",根本没有那么可怕,不过是自己吓唬自己。消除了恐惧、害怕的心理,就会有勇气自己"上路"了。

勇于独立行走是一份魄力,也是一个强者的表现。只有自信的人、耐得住寂寞的人、不惧怕孤寂的人才有这份勇气和魄力。战胜了孤寂,学会了独立行走才能收获冷静和智慧,才能不为浮躁的世俗所左右,不被流言蜚语击倒,也才能不找理由为自己的拖延开脱。总之,勇于独立行走的人对自己有信心,相信自己能战胜孤寂,高效做事,摆脱拖延,最终摘得成功的桂冠。

用逆向思维打败拖延

在工作和学习中,人们通常习惯先将时间安排给"正事"(就是安排给工作或者生活中自认为很重要的事),然后看看有没有剩余时间,再安排休息和娱乐。这样的安排往往使很多人都丧失了休息和娱乐的权利,生活空间被工作填充得满满的。其结果是很多人都处于身心疲惫、效率低下的糟糕状态中,拖延成了家常便饭,甚至被认为是难得的忙里偷闲的机会。

在这种情况下,适宜用逆向思维来改变这种糟糕的局面,克制拖延的恶习。具体来说就是将思维反过来使用,在日程表上,在设定工作截止的最后期限下,首先满足的是休息和娱乐的安排，然后再将工作时间填充在剩余的时间里。这样，人们休息和娱乐的时间率先得到了保证，而工作则变成了生活的调剂。人们的休息和娱乐得到了保证，精力也就相应有了保证。在身心愉悦的情况下工作，容易获得事半功倍的效果。事实证明，在这种逆向思维指导下的改变收到了奇效，很多人一改之前萎靡、疲倦、效率低下、做事拖延的状态，而代之以身心两旺、精力充沛、工作效率提高的状态。

从心理学上看，逆向思维之所以能有效战胜拖延恶习，原因在于，它从心理上缓解了压力，让人以一种轻松的心态面对工作。为什么这么说呢？因为逆向思维打破了常规，不按照人们惯有的思维方式对时间进行安排，而是在优先满足休息和娱乐的情况下，安排工作进度，这样就从整体上提高了工作效率。同时，这样的安排使人在工作之余拥有了时间和效率的意识，可以有效避免拖延钻空子。

另外，逆向思维还可以帮助工作者更好地树立信心。因为按照这种方法不但可以很好地完成工作，还可以获得更好的身心健康。工作出色地完成了，身心又非常愉快，那么就会大大提高对自己的认可度，进而培养起更强大的自信心。

张明在一家综合性网络公司工作。网络公司的工作节奏很快，再加上张明是一个勤奋、认真的人，所以他每天的工作都很紧张，常常忙得没有一点空闲。为了节省时间，张明在公司附近租了房子。每天早上张明早早起床，洗漱完毕，匆忙吃点早餐，然后步行 5 分钟到公司，一到公司就投入紧张繁忙的工作中。他每天不但提早到公司，而且还经常延迟下班。

虽然这样忙碌，但是张明的业绩并不突出。他的绝大多数同事都没有他勤奋、认真，业绩却比他好，这是张明很不理解的地方。更让张明难堪的是，一些比他晚来公司的同事都已经升职了，有的还成为他的上司，只有他还原地不动。

张明是一个自尊心极强的人，眼看着别人一个个超过自己，他非常着急。他认为这是自己还不够努力的缘故，于是他更加勤奋了，早上起得更早，晚上下班走得更晚，下班之后，他的大脑还在不断思考着工作，睡觉也睡不踏实。第二天起床时，他经常迷迷糊糊的。可是他没有时间思考太多，简单收拾完后，又匆忙地来到公司开始工作。看着电脑屏幕上不断闪现的数字，张明头昏脑涨，思维似乎停止了转动，手头的事情也被拖延了下去。

张明向一个好朋友倾诉了自己的苦恼。同为上班族的朋友很快就明白了张明所遇问题的症结所在。他向张明推荐了逆向思维法。张明一边仔细地听，一边认真地琢磨。

一段时间后，同事们发现原先异常忙碌的张明不"忙"了，不再没白没黑地加班，而是按时上班，按时下班，工作之余还经常出去旅游。更让同事们感到惊奇的是，张明的工作不但没有被"拖"下去，反而效率有了提高，而且越来越好。

在同事们的追问下，张明道出了自己的"秘密"：在确定工作最后期限的情况下，一改之前将大部分时间用于工作的状态，而是先确定休息和娱乐的时间，然后再安排工作的事。这样，精神状态好了，思维也能快速运转，工作效率自然提高了。

逆向思维打破了常规，有利于增强自信心，提高工作效率，远离拖延，是一种有效的具有普适性的现代工作方法。在现代发展日甚一日的情况下，不能没有原则地将工作视为生活的核心，要懂得宽容地对待自己，不能急于求成；也不能盲目地与他人攀比，而要把那些造成拖延的心理因素从工作和生活中清理出去。

人的欲望是没有止境的，如果不知道适可而止，就得不到心理上的满足。要学会适时停下手头的工作来休息或娱乐。在拥有健康和愉快的心情下，努力工作，才会提高工作效率，也才会真正摆脱拖延的牵制和束缚。

不要执着，学会变通

执着是指对事情穷追不舍、坚持不懈。这本是一个值得肯定的态度，但是凡事有个度，过犹不及的道理适合所有事物。过于执着最终会带来拖延，执着越久，拖延越久，因此做事不能过于执着，要学会变通。

变通是指以客观、合理的分析为前提，再辅以创造性思维，从而找到解决问题的办法。达到目的的手段和途径可以有多个，一条路行不通，可以尝试别的路，正所谓"条条大路通罗马"。

学会变通是一个人成熟、智慧的显著标志，也是适应现代社会的一种重要表现。世间每一件事都有相应的解决办法，只有提高应变能力、懂得变通，努力找到解决问题的办法，才会圆满解决问题。但是如果不懂得变通，遇事一味钻牛角尖，那么不但无助于事情的解决，而且还会白白浪费时间，造成拖延，最终离目标越来越远。

伴随困难产生的是解决问题的办法，即使困难没有得到解决，也只能说明暂时没有找到合适的解决办法，不能就此说明困难无法解决。聪明的人决不会让自己走进死胡同，而是会去努力寻找解决问题的办法。

19世纪中叶，一批又一批的人涌入美国加州去淘金。金子再多，也没有贪婪的人多，人越多，金子就越少，也越来越难挖。亚摩尔是淘金大军中一个普通的男孩。越来越多的人和越来越少的金子让他感到淘金梦的破灭。但这时他发现了另一个更好的"淘金"之路。

亚摩尔发现当地的气候炎热、干燥，水源稀少，大量淘金人的涌入使淡水变得更加珍贵，不少人因为缺水而被渴死。他果断放弃了淘金的念头，转行卖起了水。金子和水的价值岂可相提并论？因此亚摩尔的行为引来了其他淘金人的不解和讪笑。然而随着时间的推移，人们发现亚摩尔是对的，当他们大部分空手而归时，亚摩尔已成为当地一个小富翁了。

亚摩尔懂得变通，在眼看着淘金无望的时候，转换思维寻找商机，最终他的灵活变通让他走向了成功。殊途同归在这里得到了很好的验证。

现代社会飞速发展，什么都在变，似乎永远不变的就是"变化"。如果思想僵化，做什么事都墨守成规，不知道变通，一条道走到黑，拖延着不去改变，那么恐怕迟早都要遭到淘汰。

要学会变通，就要换一种思维看待问题，不拿旧眼光审视事情，也不拿已经不适用的办法去解决新问题。要通过不同的视角看问题，尽可能找到新的突破口，切入新思维，让思维变得灵活而适用。

想要获得成功，手段的多样性是不可避免的。因此根据实际情况的变通就是一种大智慧，代表了一种才能、一种远见。学会了变通，不钻牛角尖，才不会停滞在原地。要说明的是，变通绝不是屈服，而是积蓄力量的手段，是灵活应变。

自我暗示也有奇效

在心理学上，自我暗示是指通过五种感官元素（视觉、听觉、嗅觉、味觉、触觉）给予自己心理暗示或刺激。它是人心理活动中的意识思想的发生部分与潜意识的行动部分之间的沟通媒介，起到启示、提醒和指令的作用。它会告诉你注意什么、追求什么、致力于什么和怎样行动，因此它能潜意识地支配和影响你的行为。

自我暗示可以应用在治疗拖延症上，现对比一下下面两组心理暗示：

"我现在不想做，晚一会儿再做。"

"还是尽早完成吧，不要拖了，现在就动手，剩下的时间不多了。"

"还是不要去了，身体有些疲乏，明天再说吧！"

"现在就准备动身，虽然有些累，但这件事情不能拖。"

这两组心理暗示，每一组都包含一个积极、催促行动的暗示和一个消极、拖延行动的暗示。类似这样的心理暗示，往往提醒人们在面临选择的难题时，应该怎样去做才是最好的。缺乏暗示的选择，往往被证明是过于主观而偏离实际的。

诸多事实证明，积极、良好的心理暗示可以督促我们前进。当我们面临选择难题时，积极、良好的心理暗示会让我们迎难而上，努力前进。

生活中我们应该从自己的角度出发，找到最好的心理暗示对象，以鼓励我们保持昂扬的工作态度，将拖延拒之门外。可见，自我暗示是增强人自控力的一个非常有效的法宝。

如何利用自我暗示在治疗拖延方面的积极作用呢？不妨从下列几个方面着手：

1. 跳出自我，换位思考看问题

人们习惯于站在自我的角度去思考问题，这样就不免掉进"当局者迷"的旋涡，从而在人生的道路上做出错误的选择，陷入迷茫。如果能够跳出自我，换位思考，站在第三者的角度看问题，就能够更加公正、理性、客观地认识和把握问题的实质。

2. 学会用理性的思维思考问题

生活中很多人习惯用感性思维思考问题，实际上，这种思维有很大的随意性，对问题的处理有诸多弊端。后果容易让当事人在情绪上产生更多的纠结，往往会使拖延者放下手头的工作，陷入一种迷茫、混沌的状况。

与感性思维相对的是理性思维。理性思维是有明确的思维方向，有充分的思维依据，能对事物或问题进行观察、比较、分析、综合、抽象与概括的一种思维。简单地说，理性思维就是一种建立在证据和逻辑推理基础上的思维方式。用理性思维思考问题，要求我们在做事情之前想好工作的方法以及后果，这样就会在一定程度上提高工作效率和增大成功概率。

3. 把注意力专注于一件事上

人的注意力是有限的，而面对的事物却是无限的。以有限的注意力去关注无限的事物，势必因为关注不过来而使自我暗示变得反反复复。大脑发出的各种指令将使行为无法跟上，最终导致工作拖延，甚至停止。

如果将注意力专注于一件事上，那么就会避免这种情况的发生。因为注意力专注于一件事上，自我暗示就会专一而直接，行动指令清晰而快速，相应行动也就变得迅捷。当然，专注的这件事应该是最紧迫也是最应该马上去完成的事情。

4. 把失败看成一种考验

失败自然是不受人欢迎的。但是有些事情不是你不欢迎，它就不会到来的，失败就是如此。在我们拥有一腔热血，历经一番辛苦，却没有赢来成功时，灰心丧气、沮丧、懊恼是十分自然的事。这种现象产生的原因是人们在做事之前对自己所做的心理暗示缺少可能失败的预示，就是如果事情失败了会如何。过高的心理预期在遭遇失败的结局后自然会给人们带来沮丧的阴影。

如果把失败当作一种考验，情形就会大有改观。把失败当作考验，不但会摒弃那些失败后沮丧的情绪，还会带来一种积极的工作态度，让我们在努力的过程中有所收获，还能够让

第八章　你要拥有超强的自控力

我们在失败中重拾信心，再次起航。

　　同时，还可以借助失败的反面心理戒掉拖延。可以这样暗示自己：如果因为拖延而导致工作不能按时完成，不仅有被罚款的可能，而且有可能为此丢掉工作，而如果没有了工作，那么孩子上学怎么办？每月的房贷怎么办？还有日常的开销怎么办？想想有多么可怕的事在等着你。既然无力承担这些可怕的事，那还犹豫什么？赶紧行动起来吧！

　　如果真能做到让积极、良好的自我暗示时常鼓励自己、督促自己、鞭策自己、武装自己，那么拖延必将远离我们。